T0216278

Vulkane der Eifel

Hans-Ulrich Schmincke

Vulkane der Eifel

Aufbau, Entstehung und heutige Bedeutung

2., erweiterte und überarbeitete Auflage

 Springer

Hans-Ulrich Schmincke
Ascheberg, Deutschland

ISBN 978-3-662-59644-9   ISBN 978-3-8274-2985-8   (eBook)
https://doi.org/10.1007/978-3-8274-2985-8

Die Deutsche Nationalbibliothek verzeichnet diese Publikation in der Deutschen Nationalbibliografie; detaillierte bibliografische Daten sind im Internet über http://dnb.d-nb.de abrufbar.

3. Auflage in Vorbereitung

Einbandabbildung: deblik, Berlin
Planung/Lektorat: Sebastian Müller
Layout und Grafikbearbeitung: Martin Wunderlich, hus
Vor- und Nachsatz: ©GeoBasis-DE/LVermGeoRP2013-07-17

Springer ist ein Imprint der eingetragenen Gesellschaft Springer-Verlag GmbH, DE und ist ein Teil von Springer Nature
Die Anschrift der Gesellschaft ist: Heidelberger Platz 3, 14197 Berlin, Germany

Vorwort

EIN VORLÄUFER DIESES Buches (31) entstand auf Anregung der Vulkanfreunde Heinz Lempertz und Klaus Schmidt sowie der verstorbenen Werner Benz und Peter Mittler. Sie meinten, Forschung solle nicht unter Ausschluss der Öffentlichkeit stattfinden. Es sei daher an der Zeit, neue wissenschaftliche Ergebnisse über Aufbau und Entstehung der Vulkane der Eifel allgemeinverständlich darzustellen.

Es waren vor allem die phantastischen Aufschlüsse in den Vulkanen, d. h. den Bimsgruben und Steinbrüchen, die 1970 eine umfassende und langfristige Neubearbeitung der Vulkane und ihrer Entstehung nahe legten. Im Laufe der Jahre entstanden in unserer Arbeitsgruppe etwa 20 Diplomarbeiten, 10 Dissertationen und viele Veröffentlichungen überwiegend in internationalen Zeitschriften. Ausländische Kollegen haben die Vulkanfelder der Eifel daher wiederholt als eines der heute am besten erforschten Vulkangebiete der Erde bezeichnet.

Vor 20 Jahren war die Neubearbeitung der Vulkane weit voran geschritten. Neuere Forschungsergebnisse und Vorstellungen über die Entstehung von Vulkanen allgemein und wissenschaftliche Ergebnisse über die Eifel im Speziellen habe ich an anderer Stelle eingehender diskutiert (34–38). Im vorliegenden Buch wurden einige auch für Nichtfachleute nachvollziehbare neue Erkenntnisse eingearbeitet. Dieses Buch ist primär für den interessierten Laien gedacht und daher nicht der Ort für eine umfangreiche wissenschaftliche Dokumentation. Dank dem Engagement der oben genannten „Vulkanenthusiasten" und vieler Mitglieder der Deutschen Vulkanologischen Gesellschaft, die von einigen Vulkanfreunden und mir 1987 in Mendig gegründet wurde, hat sich das Verständnis für Vulkane sowohl in der Westeifel wie in der Osteifel in den vergangenen Jahrzehnten grundlegend geändert wie ich am Ende ausführlicher diskutieren werde. Im Vorläufer zu diesem Buch (31) wurde auch die Idee eines Vulkanparks zum ersten Mal schriftlich formuliert, nachdem ich in Vorträgen in den vorangegangenen Jahren häufig auf die Notwendigkeit hingewiesen hatte, den Schatz der jungen Vulkanlandschaft vielfältig zu heben. Ich hoffe, auch dieses Buch wird dazu beitragen, die Vulkane der Eifel den Menschen in der Eifel und den vielen interessierten Besuchern nahe zu bringen.

Wenn ein Wissenschaftler ein Buch schreibt, sollte er nach guter wissenschaftlicher Tradition Behauptungen und Interpretationen durch Zitieren von Fachaufsätzen dokumentieren, um glaubhaft zu sein oder wenigstens diesen Anschein zu erwecken. Dieses Buch ist aber nicht in erster Linie für Fachleute geschrieben. Ausführliche Literaturverzeichnisse sowohl zu den hier behandelten Eifelthemen wie zur Vulkanologie generell finden sich an anderer Stelle (32, 37, 38). Das Literaturverzeichnis am Ende des Buches ist also kurz und enthält – neben einigen historisch wichtigen – vor allem ausgewählte neuere und weiterführende Arbeiten, überwiegend nach 1990 veröffentlicht, bzw. Quellen für Abbildungen. Um den fortlaufenden Text nicht unnötig mit Literaturreferenzen zu belasten, die für die allermeisten Leser völlig uninteressant sind, habe ich zitierte Literatur – im Anhang alphabetisch aufgelistet – als Nummern in Klammern im Text wiedergegeben. Wichtige Fachbegriffe werden in einem Glossar im Anhang erläutert. Die im Buch erwähnten Vulkane sind separat aufgelistet.

Beide Verzeichnisse sollen den Einstieg in Text und Abbildungen erleichtern. Besonders häufig benutzte Abkürzungen liste ich nach der Einleitung auf. Auf den vereinfachten Karten der Westeifel und Osteifel auf den vorderen und hinteren Umschlagseiten ist die Lage der im Text erwähnten Vulkane eingezeichnet.

Vulkane und vulkanische Gesteine sind etwas fürs Auge, und so versteht es sich von selbst, dass eine Beschreibung von Vulkanen und ihren Ablagerungen sowie eine Schilderung der Entstehung einer Vulkanlandschaft reich illustriert sein sollte. Das macht ein Buch aber auch teuer. Über die großzügige Unterstützung des Druckes und unserer Forschungen berichte ich am Ende des Buches. Für diese Unterstützung sei auch an dieser Stelle herzlich gedankt.

Die Fotos sollen außerdem zum genauen Hin-Sehen anregen. In der Schule lernt man ein Bild zu analysieren, Einzelheiten zu entdecken, diese zu einem Gesamteindruck zusammenzufügen und dann zu interpretieren. Auf die gleiche Weise kann man in einer Bimsgrube oder einem Basaltsteinbruch vorgehen, um schlussendlich zu lernen, die Entstehung eines Vulkans in groben Zügen nachvollziehen zu können.

Die reiche Bebilderung erfüllt noch einen weiteren Zweck. Meine Fotos umfassen einen Zeitraum von über 40 Jahren. Sie sind also historische Dokumente, denn viele Steinbrüche und Bimsgruben gibt es nicht mehr oder nicht mehr in dieser Form. Die Entwicklungsstufen eines Vulkans wie sie – z. B. im Eppelsberg – über Jahrzehnte sichtbar waren, können so anhand der Bilder rekonstruiert werden.

In der vorliegenden Übersicht typischer Vulkanbauten der Eifel, ihrer Ablagerungen und ihrer Entstehung habe ich auf Exkursionsvorschläge verzichtet. Ein ausführlicher Exkursionsführer ist in Vorbereitung, in dem einzelne Vulkane genauer beschrieben und umfassender illustriert werden.

Hans-Ulrich Schmincke
Lisch, im April 2013

Häufig verwendete Abkürzungen

EEVF East (international für Ost) Eifel Vulkan Feld

WEVF West Eifel Vulkan Feld

LS Laacher See

LSV Laacher See Vulkan

LSE Laacher See Eruption

LST Laacher See Tephra

LLST Lower (untere) Laacher See Tephra

MLST Middle (mittlere) Laacher See Tephra

ULST Upper (obere) Laacher See Tephra

NWB Neuwieder Becken

HBB Hauptbritzbank (feinkörnige Ascheschichten über der LLST)

Moho Mohorovičić-Diskontinuität (Grenze zwischen Erdkruste und Erdmantel, in der Eifel bei ca. 30 km)

INHALTSVERZEICHNIS

1. EIFELVULKANISMUS – EINIGE GRUNDFRAGEN

»Die rheinischen Vulkane ziehen noch immer die Aufmerksamkeit der Naturforscher auf sich, und so sehr auch frühere Reisende bemüht gewesen, sich über sie zu belehren, so scheint man doch allgemein anzuerkennen, dass sie ferner untersucht und dargestellt zu werden verdienen.«

Johann Steininger, 1820 (41)

H.-U. Schmincke, *Vulkane der Eifel*, https://doi.org/10.1007/978-3-8274-2985-8_1

Die frühen Auseinandersetzungen über die wahre Natur der Eifelvulkane

DIE ANZIEHUNGSKRAFT DER jungen Vulkanfelder der Eifel hat viele Gründe. Die landschaftsbestimmenden Formen der Schlackenkegel, die schwarzen bis leuchtend roten Farben der Schlacken oder die deckenartig verbreiteten hellen Bimslagen lassen keinen Zweifel, dass das vulkanische Feuerwerk noch nicht so lange her sein kann. In der Tat stellen die Eifelvulkane das mit Abstand jüngste Vulkangebiet Mitteleuropas dar.

Auch in der Geschichte der Erdwissenschaften hat die Eifel, speziell das Laacher See-Gebiet, eine zentrale Rolle gespielt: kaum ein anderes Vulkangebiet auf der Erde ist seit über 200 Jahren wissenschaftlich so intensiv erforscht worden. Das liegt nicht nur daran, dass die Wiege der Erdwissenschaften in Europa stand. Wenige Vulkangebiete auf der Erde sind durch Steinbrüche so gut aufgeschlossen wie die Eifel; den Aufbau und die Entstehung von Vulkanen kann man daher selten so gut studieren wie hier. Wer also heute mit wachen Augen einen Steinbruch in der Eifel aufsucht, wird von der historischen Dimension, dem Wandel der Anschauungen, den Irrtümern und wegweisenden neuen Ideen über die Entstehung von Vulkanen nicht wenig Nutzen ziehen können.

Der Laacher See-Vulkan, unter den jungen Vulkanen Mitteleuropas einzigartig und oft gerühmt, ist kein aufragender, klassischer Vulkanberg, sondern ein von älteren Schlackenkegeln kranzförmig umgebener Krater, aus dem im späten Frühjahr vor ziemlich genau 12 900 Jahren gewaltige Mengen an Bims, Asche und Gesteinsfragmenten eruptiert wurden (Abb. 1). Diese legten sich als weiße Decke über die hügelige Landschaft des Neuwieder Beckens und füllten die Täler zwischen den Vulkankegeln, welche das Laacher See-Becken umgeben. Es war dieser sanfte Aschenschleier, der Goethe, welcher den Laacher See im Jahre 1815 zusammen mit dem Freiherren vom Stein besuchte (Abb. 2, 3), an der vulkanischen Natur des Laacher See-Beckens zweifeln ließ *„... so muss es mir mit Gewalt abgenötigt werden, wenn ich etwas für vulkanisch halten soll, ich kann nicht aus meinem Neptunismus heraus; das ist mir am auffallendsten gewesen am Laacher See und zu Mendig; da ist mir nun alles so allmählich erschienen, das Loch mit seinen gelinden Hügeln und Buchenhainen; und warum sollte denn das Wasser nicht auch löcherige Steine machen können, wie die Mennichensteine?"*

[Abb. 2] Halbrelief (aus Weiberner Tuff) von Goethe und dem Freiherrn von Stein zur Erinnerung an ihren Besuch am Laacher See am 28. 7. 1815. Hotel Maria Laach.

[Abb. 1] Links: Mächtige Tephraablagerungen des Laacher See Vulkans am Wingertsberg bei Mendig. Über einer hellen massigen Schicht (Ablagerung von Glutlawinen – Ignimbrit (örtlich Trass genannt)) folgen drei markante Falloutlagen aus Bimslapilli, die von dunklen feinkörnigen Tuffen voneinander getrennt sind. Die obere Doppellage – von uns zur leichten Wiedererkennung „Autobahn" (AB 1 und 2) genannt, weil sie sich regional als Tandemschicht gut verfolgen lässt – können über weite Gebiete korreliert werden. Darüber folgen über 15 m mächtige graue unregelmäßig geschichtete (Dünen) Tephraschichten der oberen Laacher See Tephra (ULST). Sie bestehen aus sehr dichten und kristallreichen Lapilli und Aschen. Abkürzungen siehe Glossar.

Allerdings hatte schon Collini (1777) fast 40 Jahre vor Goethes Besuch eine ganz andere Auffassung vertreten, nämlich „... *dass der Laacher See aus einem sehr wichtigen Vulkan entstanden wäre, der sich hier selbst versenkt hätte und verloschen sei*" (12). Diese Vorstellung, die auch von anderen Wissenschaftlern jener Zeit geteilt wurde, ist umso bemerkenswerter, als sich in den siebziger Jahren des 18. Jahrhunderts der erste und gleichzeitig heftigste und längste große wissenschaftliche Meinungsstreit in der Geschichte der damals entstehenden Erdwissenschaften noch gar nicht in seiner ganzen Schärfe entfaltet hatte. Dieser Streit ging darum, ob säulige Basalte (Abb. 4–7) aus Wasser – aus dem Urmeer – auskristallisiert seien, wie Abraham Gottlob Werner, der führende Geognost seiner Zeit, und seine zahlreichen Schüler behaupteten – man nannte sie daher die *Neptunisten* – oder aus heißen, an die Erdoberfläche getretenen Gesteinsschmelzen, wie die so genannten *Vulkanisten* aufgrund von Geländebeobachtungen meinten, die zuerst die Franzosen Guettard 1745 und Desmarest 1765

in der Auvergne gemacht hatten. Während Neptunisten und Vulkanisten noch glaubten, das Feuer in der Tiefe, das man ja seit Jahrtausenden aus den aktiven Vulkanen des Mittelmeerraumes, z. B. von Stromboli und Ätna, kannte, durch brennende Kohleflöze in der Tiefe erklären zu können, entwickelte erst der schottische Privatgelehrte Hutton (1788), der Ahnherr der so genannten *Plutonisten*, die Vorstellung, dass Granite in der Tiefe durch Aufsteigen heißer Gesteinsschmelzen entstehen und dass sich sowohl Granit wie Basalt jederzeit während der gesamten Erdgeschichte bilden können, d. h. seit 4,6 Milliarden Jahren (35).

Collini war also seiner Zeit um Jahrzehnte voraus gewesen – und Goethe in dieser Beziehung hinterher. Denn schon vor Ende des 18. Jahrhunderts hatte sich gezeigt, dass die Auffassung der Neptunisten – was die Entstehung der Basalte, des Granits und der Vulkane betraf – nicht zu halten war. Werner verteidigte seine Lehrmeinung zwar bis zu seinem Tode im Jahre 1817. Danach zerfiel das Theoriengebäude der

[Abb. 3] Bimsschichten aus der Achse des Hauptfächers der Laacher See Tephra am Burgerhaus zwischen Nickenich und Plaidt. Die dunklen feinkörnigen Tuffe (Hauptbritzbank) werden später diskutiert. Graue Bimslapilli im Oberteil der Bimswand.

Neptunisten jedoch rasch; seine bedeutendsten Schüler, J. F. d'Aubuisson, Alexander von Humboldt und Leopold von Buch, bekannten sich jetzt auch öffentlich zum Plutonismus.

Auseinandersetzungen dieser Art kennzeichnen alle Wissenschaften. Denn Wissenschaft entwickelt sich immer aus dem Widerstreit unterschiedlicher Auffassung. Neue Ideen haben es meist zunächst schwer, sich durchzusetzen – und finden oft erst nach dem Tode der Verfechter der alten Anschauungen breitere Anerkennung.

Ich bin auch deshalb auf diese frühen Auseinandersetzungen näher eingegangen, weil sie zeigen, dass die Frage nach der wahren Natur des Laacher See-Vulkans eine große Rolle in der Geschichte der Vulkanologie, ja der Erdwissenschaften insgesamt gespielt hat.

Dass wissenschaftliche Auseinandersetzungen über die wahre Natur von Vulkanen mit klassischer deutscher Dichtung verwoben sind, wird für manchen Leser vielleicht neu sein, dem auf der anderen Seite die Vorstellung vertraut sein mag, dass Vulkaneruptionen und Vulkane, auch die der Eifel, nicht erst seit den Tagen der Romantik in Mythen und Sagen vieler Kulturkreise eine zentrale Rolle spielten – und auch heute noch spielen. Das Spannungsfeld zwischen Gesellschaft und den bedrohlichen und nützlichen Aspekten von Vulkaneruptionen, diesen dramatischsten aller Naturereignisse, lässt sich bis in die Anfänge der Menschheit zurückverfolgen: Die ersten Spuren unserer etwa 3,6 Millionen Jahre alten ostafrikanischen Vorfahren sind als Fußabdrücke in feuchter, vulkanischer Asche erhalten.

[Abb. 4] Eingang zu einem Tunnel im Niedermendiger Lavastrom (Laacher See-Gebiet). Seit der Römerzeit wurden hier Mühlsteine gebrochen und bis ins 19te Jahrhundert nach Amerika und Russland exportiert. Heute ein beliebter Werkstein für Bildhauer.

Ähnliche, aber viel besser erhaltene Fußspuren findet man auch in anderen Vulkangebieten, wie z. B. in Nicaragua (Abb. 8). Der *homo erectus* lebte schon vor über 200 000 Jahren in den Kratermulden von Schlackenkegeln im Laacher See-Gebiet (7, 8). In der Eifel zeigt sich der Gegensatz in anderer Weise; am Ende dieses Buches (Kapitel 8) möchte ich daher auch auf einige aktuelle Konflikte eingehen, die direkt mit der Natur der Eifelvulkane zu tun haben.

Zu den Wissenschaftlern, die im 19. und in der ersten Hälfte des 20. Jahrhunderts die vulkanologische Erforschung der Eifelvulkanwelt wesentlich vorangetrieben haben, gehören nach dem schon erwähnten Collini (12) Steininger

(41), van der Wyck (45), Hibbert (19), Vogelsang (42), Mitscherlich (26), von Dechen (13), Dressel (14) und im 20. Jahrhundert Ahrens (2). Die erste und für ihre Zeit moderne Dissertation über den Laacher See-Vulkan wurde von Samuel Hibbert, einem schottischen Studenten, im Jahre 1832 vorgelegt (19). Seine farbige Karte des engeren Laacher See-Gebiets ist ein für jene Zeit eindrucksvolles Zeugnis anspruchsvoller geologisch-vulkanologischer Geländearbeit (Abb. 9).

[Abb. 5] Nephelinitischer Lavastrom bei Hohenfels östlich Gerolstein. Bei der Abkühlung der flüssigen Lavaschicht wanderten die Abkühlungsrisse, welche die Säulen begrenzen, in die erstarrende Lava schnell von oben nach unten und langsam von unten; sie treffen sich ungefähr ein Drittel über dem Erdboden. Die Mittelzone, die am längsten flüssig blieb, ist in diesem Lavastrom durch eine massige Zone charakterisiert. Beliebter Werkstein für Bildhauer. WEVF.

[Abb. 6] Historischer Stich aus dem 19ten Jahrhundert, der den Untertageabbau des Niedermendiger Lavastroms und die Herstellung von Mühlsteinen zeigt. Deutlich ist zu erkennen, dass die unteren Säulen dicker sind als die oberen. Paris 1802.

[Abb. 7] Durch die auflagernden Bimsschichten wurden von Frauen Schächte abgeteuft. Das in Körbe geschaufelte Material trugen sie auf dem Kopf über „Schneckengänge" nach oben. Mit von Menschen oder Tieren getriebene Göpel-Winden wurden die von den Mühl stein-hauern gebrochenen Mühlsteine aus der Tiefe ans Tageslicht gefördert. Als Werkzeuge dienten vier verschiedene Hämmer. Die Abfälle und Reststücke wurden in ausgebeutete Räume verfrachtet.

Welche strittigen Fragen über den Eifelvulkanismus sind heute in der Wissenschaft gelöst, welche nicht?

LAIEN ODER SELBSTERNANNTE Vulkano-logen möchten häufig gerne an den spektakulären Aspekten, die Vulkanen nun einmal innewohnen, teilhaben und glauben es häufig genauer bzw. besser zu wissen. Auf diese Weise werden wissenschaftlich längst widerlegte Auffassungen manchmal jahrzehntelang weiter verbreitet. Wissenschaftlich kontroverse Themen sind jedoch für Nichtfachleute meistens überhaupt nicht zu beurteilen. Man kann als Laie natürlich versuchen herauszuhören, welcher der Kontrahenten seine Auffassung am überzeugendsten begründet. Da das generell schwer ist, verhält man sich lieber neutral und nimmt an, die jeweilige wissenschaftliche Streitfrage sei noch nicht gelöst.

Das ist aber häufig nicht der Fall, weil manche ältere Interpretationen, die sich nach naturwissenschaftlichen Kriterien längst als unbegründet und daher falsch herausgestellt haben, oft noch jahrzehntelang von manchen Verfechtern aus der Wissenschaft verteidigt werden. Wer behauptet, eine Streitfrage sei gelöst, muss das natürlich penibel begründen. Ausführliche wissenschaftliche Diskussionen sind aber in einem Einführungsbuch wie dem vorliegenden

[Abb. 8] Etwa 2000 Jahre alte Fußabdrücke in frisch gefallenen feuchten Aschen. Die Menschen flüchteten vor einem großen Ausbruch des Masayavulkans zum nahe gelegenen Lago de Managua. Acahualinca bei Managua (Nicaragua).

nicht angebracht. Hier zunächst einige aktuelle Beispiele für gelöste Streitfragen, von denen einige später ausführlich diskutiert, andere durch Literaturhinweise belegt werden.

1) Die Frage nach dem Eruptionszentrum der Bimsmassen vor allem östlich des Laacher Sees ist seit über 30 Jahren gelöst: das heutige Laacher See-Becken ist das *einzige* Eruptionszentrum. Es ist allein rein physikalisch völlig unmöglich, die riesigen Bimsmassen aus kleinen Schloten zu fördern, wie sie früher für Gebiete außerhalb des Beckens postuliert wurden. Auch die von Obermendig über den Wingertsberg bis zum Fuß des Krufter Ofens durchzuverfolgenden Schichten, die zum Laacher See hin mächtiger und gröber werden, sind eindeutige Beweise. Frühere, nie belegte Auffassungen über mehrere kleine Schlote außerhalb des Beckens werden allerdings auch heute noch hier und da vertreten (23, 24).

2) Die frühere Behauptung, die ausschließliche Verbreitung der Bimsdecken östlich des Laacher See-Beckens – im Westen nur in geringer Mächtigkeit – sei auf geneigte Schlote zurückzuführen, war physikalisch nie begründet. Es waren die vorherrschenden Westwinde, die die Eruptionswolken nach Osten bzw. Südosten und in größerer Entfernung überwiegend nach Nordosten verfrachtet haben.

3) Die früher und von manchen Wissenschaftlern auch heute noch geäußerte Vorstellung, der Trass im Brohltal sei aus Schlammströmen entstanden, war nie begründet. Der Trass stellt Ablagerungen von heißen pyroklastischen Strömen (Glutlawinen) dar, die vorwiegend durch die Seitentäler im Umkreis des Laacher See-Beckens hangabwärts, an manchen Stellen sogar bis in den Rhein, geflossen sind.

4) Man glaubte früher, die Verfestigung von lockeren Aschenstromablagerungen (Trass) wie im Neuwieder Becken oder in den älteren Riedener Ablagerungen (Rodderhöfe, Weibern) durch neu gebildete Minerale (Zeolithe) habe noch während der Abkühlung der heißen Ablagerungen stattgefunden. Diese so genannte *Zeolithisierung* entstand aber ausschließlich bei niedrigen Temperaturen im Grundwasserbereich über einen längeren Zeitraum, also lange nach der Abkühlung.

5) Lange Zeit galt die Auffassung, Maare seien durch reine CO_2-Explosionen entstanden. Heute weiß man, dass das Zusammentreffen von aufsteigendem Magma mit Grundwasser entscheidend war. Aktuelle Untersuchungen zeigen allerdings, dass auch CO_2 wahrscheinlich eine nicht unbedeutende Rolle bei der Bildung mancher Westeifelmaare gespielt hat.

6) Bis in die 1990er-Jahre des vorigen Jahrhunderts herrschte – auch in Teilen der Wissenschaft – die Auffassung vor, der Eifelvulkanismus sei gänzlich erloschen, sozusagen mausetot. Das war eine Wunschvorstellung; wissenschaftlich begründet war sie nie.

Gelöste wissenschaftliche Streitfragen werden allerdings immer durch neue Fragestellungen ersetzt. Die Wissenschaft ist wie die sagenhafte Hydra: wenn man ihr einen Kopf abschlägt, wächst gleich der nächste. Beispiele für aktuelle ungelöste wissenschaftliche Probleme in der Eifel:

• Warum steigt Magma gerade in der Eifel an die Erdoberfläche, warum nicht im Harz oder in Oberbayern?

• Aus welchen Erdtiefen steigt das Magma, das flüssige Gestein, in der Eifel auf?

• Gibt es oberflächennahe Magmakammern und – wenn ja – in welcher Tiefe?

• Sind die Maare – wie heute meistens angenommen – ausschließlich durch Wechselwirkung von aufsteigendem Magma mit Grundwasser entstanden oder haben magmatische Gase auch eine wichtige Rolle gespielt?

• Wann genau sind die Eifelvulkane ausgebrochen?

• Können wir mit einem neuen Ausbruch rechnen und, wenn ja, wann, wo und wie?

Zunächst ein kurzer Ausflug in die Vulkanologie, also in die Wissenschaft von der Entstehung der Magmen und der Vulkane.

Wo, wie und wann entsteht Magma?

WIR LEBEN NICHT auf einer starren brüchigen Eierschale über einem Magmameer, das manchmal in Vulkanen angezapft wird. Die *Erdkruste*, sozusagen der verfestigte Gesteinsschaum auf dem Erdmantel, hat sich während der 4,6 Milliarden Jahre Erdgeschichte dadurch gebildet, dass immer wieder aus der Tiefe Magmen aufstiegen, abkühlten, zu Gebirgen verformt wurden, die durch Erosion zu Sedimenten wurden und so weiter. In der Eifel ist diese – im Vergleich zum schweren Erdmantel spezifisch leichte – Kruste etwa 30 km dick. Nicht nur die Erdkruste, auch der darunter folgende *Erdmantel* besteht im Wesentlichen aus festen Gesteinen, ist also starr, vor allem in den oberen etwa 50 – 100 km, die mit der Erdkruste gekoppelt sind. Beide zusammen bilden die *Lithosphärenplatten* (Abb. 10). Die sich bewegenden Erdplatten *(Plattentektonik)* sind also nicht identisch mit der Erdkruste, was selbst von Wissenschaftlern aus Nachbardisziplinen immer wieder ver-

[Abb. 9] Erste geologisch-vulkanologische Karte des Laacher See-Gebietes mit einzelnen Vulkankegeln, basaltischen (blau) und phonolithischen (rot) Lavaströmen und Domen, Begrenzung des Bimsfächers der Laacher See Tephra (hellgelb) und Tuffablagerungen (rosa) (19).

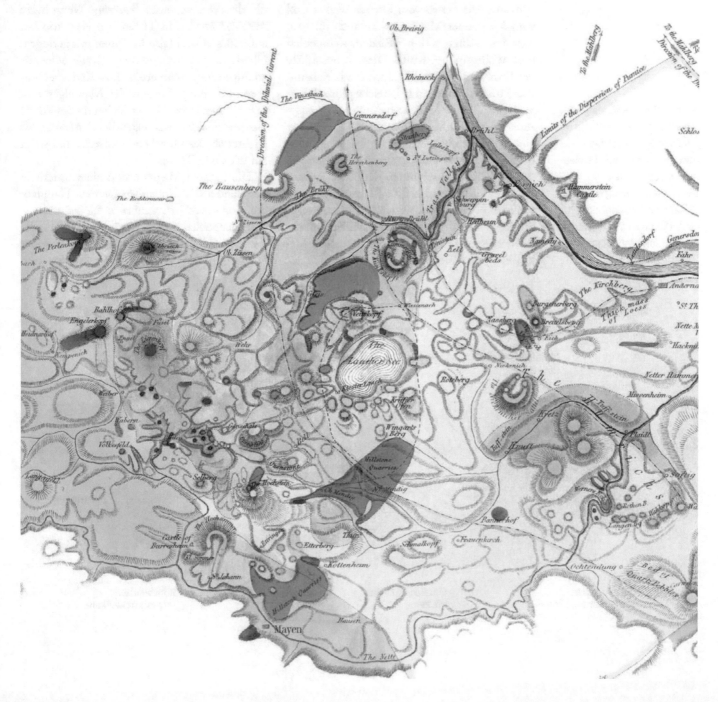

wechselt wird. Magma entsteht überwiegend im Erdmantel, nur in Ausnahmefällen in der Erdkruste.

Der Erdmantel besteht aus *Kristallen*, vor allem dem olivfarbenen *Olivin*, der auch in vielen dunklen *Basalten* der Eifel vorkommt, kompakt vor allem in den so genannten *Olivinbomben oder Mantelknollen (*vgl. Abschnitt Das Feuerwerk*)* (Abb. 11). Die Eifel ist berühmt für Bruchstücke dieses grünen Mantelgesteins, den Zeugen aus der Tiefe. Man findet sie nicht nur in den klassischen Ablagerungen der Westeifelmaare, wie denen vom Dreiser Weiher und vom Meerfelder Maar, sondern auch im Laacher See-Gebiet, z. B. bei Rieden, Kempenich und Weinberg bei Kruft. Diese Bruchstücke des Erdmantels enthalten auch etwas Kalzium (Ca-) und Aluminium (Al)-reiche grüne *Klinopyroxene* (Abb. 12), leicht bräunliche *Orthopyroxene* und dunklen *Chromspinell*. Insgesamt gibt es eine große Vielfalt derartiger so genannter *ultramafischer* Gesteinsbrocken, die zeigen, dass der Erdmantel unter der Eifel äußerst komplex aufgebaut ist. Eine Beschreibung und Diskussion der komplizierten mikroskopischen Strukturen und der einzelnen Mineralphasen ist in diesem Buch nicht angebracht. Im Mikroskop erschließt sich aber bei ganz- oder

teilpolarisiertem Licht in den 0,03 mm dicken Gesteinspräparaten dieser Zeugen aus der Tiefe eine faszinierende Farbwelt (Abb. 12–16).

Der unter der Erdkruste folgende, viel dichtere „schwerere" Erdmantel erstreckt sich bis in Tiefen von etwa 2900 km. Er ist ganz langsam in Bewegung, obwohl er aus Kristallen besteht, er *konvektiert*. An einigen Stellen steigt wärmeres Mantelgestein auf (vielleicht aufgeheizt an der Grenze zum eigentlichen *Erdkern*), während kühlere Partien an anderer Stelle absinken, vor allem rings um den Pazifik, dem so genannten *Feuerring*. Wenn heiße *Mantelströme* bis in Tiefen von etwa 100 km aufgestiegen sind (also in Zonen mit geringem Überlastungsdruck), können einige Minerale anfangen aufzuschmelzen. Das sind aber immer nur wenige Prozent des Mantelgesteins, meist unter 10 %. Die entstehende *basaltische Gesteinsschmelze*, das eigentliche *Magma*, ist leichter als das umgebende Gestein und steigt auf wie Öl in Wasser.

Die meisten Magmen entstehen unterhalb der Ränder der *Lithosphärenplatten*. Hauptzonen sind die *Mittelozeanischen Rücken*, die auseinander reißen und sich ständig voneinander fort bewegen und durch neu aufgestiegenes Magma immer wieder verheilt werden und

[Abb. 10] Globales plattentektonisches Schema mit den drei tektonischen Hauptzonen, die auch durch ganz unterschiedliche Mechanismen der Magmenentstehung und Vulkantypen gekennzeichnet sind. Die Eifel ist ein typisches kontinentales Intraplatten Vulkanfeld.

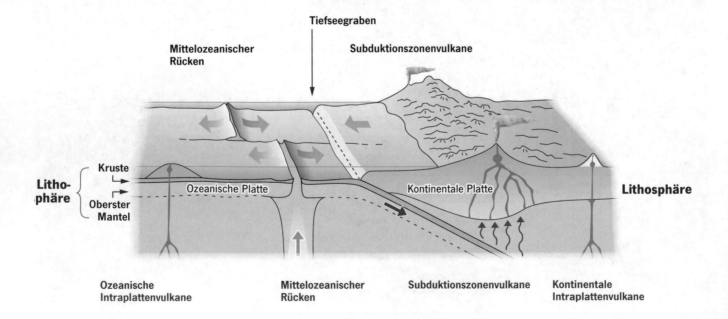

[Abb. 11] Eine kleine *Olivin-bombe*, d. h. ein Bruchstück vom Mantelgestein (Peridotit) aus dem Quellgebiet der Magmen, das vom auf-steigenden Magma mitgeris-sen wurde. Die Ablagerungen des Meerfelder Maars beste-hen zu über 90 % aus Bruch-stücken von devonischen Schiefern und Sandsteinen. Grube Leyendecker, Deudes-feld. WEVF.

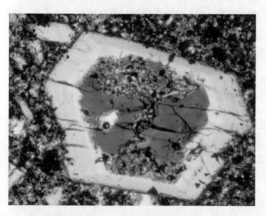

[Abb. 12] (Mitte links) Mikro-skopisches Dünnschliffbild von Klinopyroxenen, der häufigsten mit dem blossen Auge sicht-baren Mineralphase in den dunklen basaltischen Eifella-ven. Die grünen Kerne sind bei hohen Drücken gebildet, vermutlich in einem früheren Stadium des Magmenaufstiegs in über 30 km Tiefe an der Grenze Erdkruste-Erdmantel. Sie wurden später instabil und von einem neuen Magma-schub mitgerissen, aus dem die hellen Säume auskristalli-sierten. Durchmesser des Kristalls etwa 5 mm. WEVF.

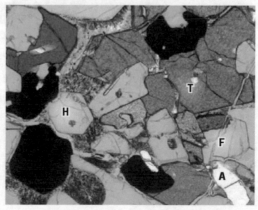

[Abb. 13] (Mitte rechts) Mikroskopisches Dünnschliff-bild einer aus Pyroxen und Olivin bestehenden Mantel-knolle. Halb polarisiertes Licht. Bildbreite 4 mm. Deudesfeld (WEVF).

[Abb. 14] Mikroskopisches Dünnschliffbild einer aus Pyroxen und Olivin bestehenden Mantelknolle, in die später Magma einge-drungen ist, aus dem sich Glimmer gebildet haben (die im halb polarisierten Licht rot gefärbten Kristalle). Bilddurch-breite 4 mm. Pulvermaar (WEVF).

[Abb. 15] Mikroskopisches Dünnschliffbild eines aus Titanit (T), Apatit (A), Hauyn (H) und Feldspat (F) bestehenden höher differen-zierten Gesteins (Syenit), das sich in einer Magmakammer in der Kruste aus einem phonolithischen Magma bei langsamer Abkühlung gebildet hat. Teilpolarisiertes Licht. Bildbreite 4 mm. Oberwinkeler Maar (WEVF).

die *Subduktions- oder Verschluckungszonen*, die durch *Tiefseegräben* markiert sind und entlang denen ozeanische Platten wieder in die Tiefe abtauchen (Abb. 10). Vulkane, die *innerhalb* der Lithosphärenplatten entstehen, nennt man folgerichtig *Intraplattenvulkane*. Die bekanntesten Beispiele für ozeanische Intraplattenvulkane sind Hawaii oder die Kanarischen Inseln. Die Eifel ist ein typisches *kontinentales Intraplattenvulkanfeld*. Intraplattenvulkangebiete sitzen oft höher liegenden Gebieten, aufsteigenden riesigen Blöcken auf oder treten längs eingebrochener Riftzonen auf, wie dem *Rheingraben* (Abb. 17–21).

Vulkane sind eigentlich Unfälle in diesen bis in große Erdtiefen reichenden und weit verzweigten Vulkan-Magma-Systemen. Das klingt paradox, wird aber verständlich, wenn man sich vergegenwärtigt, dass nur ein ganz winziger Teil des im Erdmantel entstandenen Magmas überhaupt bis an die Erdoberfläche steigt (Abb. 22, 23). Die meisten Magmen bleiben unterwegs stecken, weil ihr Auftrieb nicht ausreicht. Aus dem Mantel aufsteigende Magmen

sammeln sich vor allem an der *Grenze zwischen Erdmantel und Kruste* (der *Moho*). Erdkruste besteht aus viel leichteren Gesteinen als der Erdmantel, so dass der Auftrieb der schweren basaltischen, im Mantel entstandenen Magmen meist nicht ausreicht, um in die Kruste aufsteigen oder sogar eruptieren zu können. Nur ein ganz winziger Teil der in einem Aufschmelzbereich im Mantel durch *partielle Aufschmelzung* entstehenden Magmen bricht je an der Erdoberfläche aus.

Die Erdkruste ist also sozusagen ein Filter für die Magmen. So kann man davon ausgehen, dass sich unter den Vulkanfeldern der Eifel in etwa 30 bis 32 km Tiefe – der Grenze zwischen Erdmantel und Erdkruste – viele im Mantel entstandene Magmen ansammeln und dort entgasen, aber nie bis an die Erdoberfläche steigen. Die gewaltigen Mengen an CO_2, die täglich in der Eifel an die Erdoberfläche steigen und von der Mineralwasserindustrie genutzt werden, kommen wahrscheinlich aus diesen Zonen.

[Abb. 17] Reliefkarte der Schlackenkegel im Laacher-See-Gebiet. Archiv für Bergbau und Hüttenwesen XVII, Heft 2, 1828, Neudruck 2000.

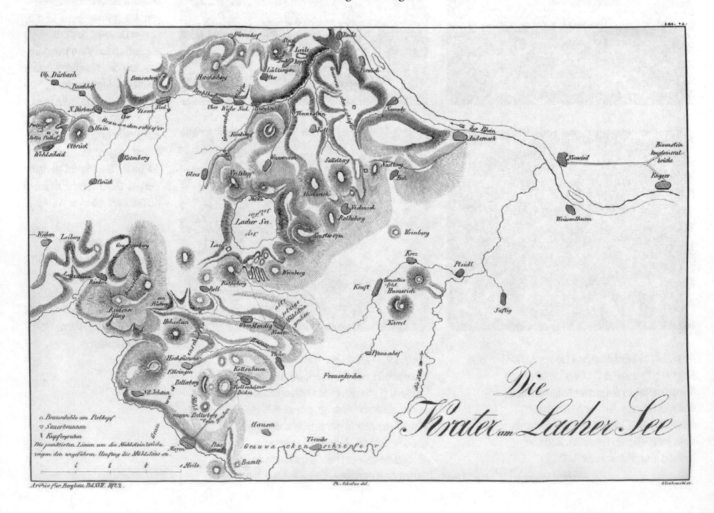

[Abb. 18] Geologisch junge (känozoische) Vulkangebiete in Mitteleuropa. Die Linien zeigen die Dicke der Lithosphäre an, d. h. gekoppelte Erdkruste mit alleroberstem Mantel. Die dick gepunkteten Linien stellen die Front der jungen Faltengebirge dar (Alpen, Jura, Karpaten) und die gelben Gebiete junge Faltengebirge. Hellorange sind die geologisch alten (paläozoischen) sich hebenden Schilde markiert, in deren Mitte sich junge Vulkanfelder gebildet haben. Der Rheinische Schild und der Rheingraben sind in Abb. 19 und 21 ausführlicher dargestellt (38).

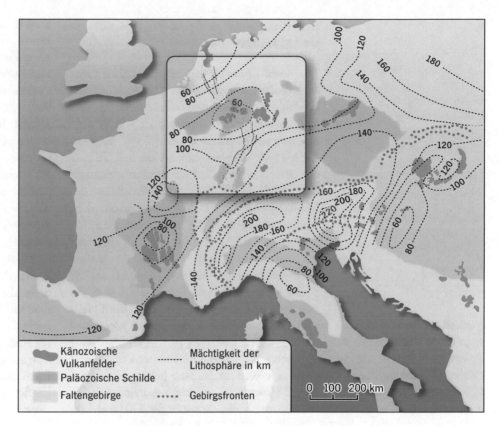

[Abb. 19] Der Rheinische Schild, der von den Ardennen im Westen bis Kassel im Osten reicht und sich noch hebt, liegt quer über dem Rheingraben, der im Rheinischen Schild nur durch das Neuwieder Becken repräsentiert ist und im Nordwesten durch die Kölner Bucht. WEVF: Westeifel Vulkanfeld, EEVF: Osteifelvulkanfeld, HEVF: Hocheifel Vulkanfeld (37).

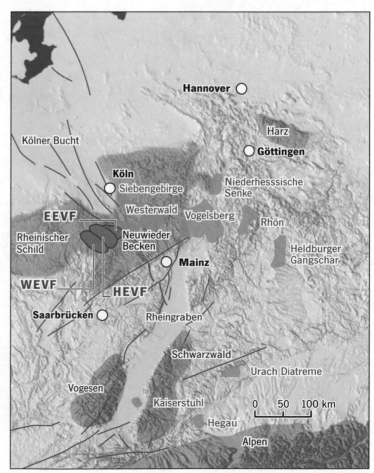

Der Eifelplume und das Quellgebiet der Magmen

IN DEN LETZTEN Jahrzehnten haben Geophysiker unter großen Vulkanen bzw. Vulkanfeldern vermutete Aufschmelzbereiche, also *Quellgebiete* für die Magmen oder *Wurzelzonen* im oberen Erdmantel nachweisen können, die bis weit über 200 km tief reichen. In diesen Zonen werden Erdbebenwellen gedämpft, vermutlich weil zwischen den Kristallen des Mantelgesteins etwas Magma existiert, d. h. Mantelgestein teilweise aufgeschmolzen ist. Auch unter den quartären Eifelvulkanfeldern hat man schon früh derartige Anomalien nachgewiesen (29, Abb. 20). Diese Anomalien nennt man *Plume* und für die Eifel sind die seismischen Untersuchungen über die Quellgebiete der Magmen in den letzten Jahren wesentlich vertieft worden (30). Allerdings wird oft leichtfertig angenommen – und manchmal auch von Wissenschaftlern behauptet –, dass der *Eifelplume* ein wichtiges Anzeichen dafür sei, dass der Vulkanismus in der Eifel nicht erloschen sei. Das ist nicht zulässig, denn man kennt weder das Alter des hypothetischen *Plumes* noch seine zeitliche Entwicklung. Auch unter seit vielen Jahrmillionen vermutlich erloschenen Vulkangebieten wie dem Vogelsberg hat man ähnliche Anomalien im Erdmantel nachgewiesen. Daher muss man sich immer wieder klarmachen, dass ein Plume im Grunde ein Modell ist für ein unregelmäßiges schlauchähnliches und wahrscheinlich etwas partiell aufgeschmolzenes Gebiet im Mantel, das etwas wärmer ist als die Umgebung und daher vermutlich ganz langsam plastisch aufsteigen kann.

Ich werde oft gefragt, wann denn so ein Plume die Erdoberfläche erreicht. Gar nicht, denn diese heißen Mantelströme steigen in den Kontinenten nur bis etwa 100 km unter der Erdoberfläche auf, jedenfalls keineswegs bis zur Erdkruste. Dort kann sich dann das flüssige Magma aus dem Netzwerk der Kristalle lösen (man muss sich das ähnlich vorstellen wie das Fließen von Grundwasser, das in den Poren eines Sandsteins zirkuliert), zu größeren Rinn-

[Abb. 20] Anhand von seismischen Daten postulierte Tiefenwurzeln (Plumes) unter den jungen Vulkangebieten in Mittelfrankreich und Mitteleuropa (16, 34).

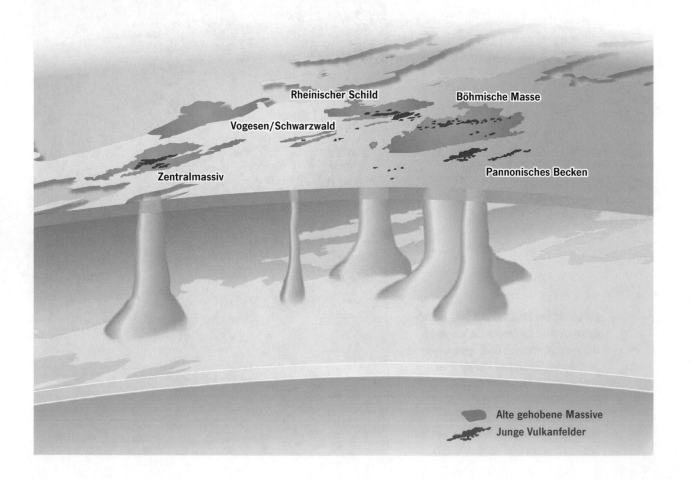

Rheinischer Schild

Böhmische Masse

Vogesen/Schwarzwald

Zentralmassiv

Pannonisches Becken

Alte gehobene Massive

Junge Vulkanfelder

salen sammeln und aufsteigen – aber praktisch nie direkt bis an die Erdoberfläche, wie oben ausführlicher diskutiert.

Das Feuerwerk an der Erdoberfläche

IN DER EIFEL gibt es im Prinzip zwei Arten von kompositionell unterschiedlichen Vulkanen: die basaltischen und die höher differenzierten. Mit Abstand die häufigsten, die später eingehender beschriebenen *Maare, Lapilli-* und *Schlackenkegel*, entstehen aus im weitesten Sinne *basaltischen* Magmen, die aus großer Tiefe kommen, aus ungefähr 50 bis 100 km unter der Erdoberfläche. Woher wissen wir das? Zum einen, weil basaltische Magmen generell etwa 1200° C heiß sind, wenn sie eruptieren, während an der Untergrenze der Erdkruste, die in der Eifel ungefähr 30 km dick ist, die Temperaturen kaum höher als 500°C liegen. Zum anderen sind bei der Eruption von Eifelvulkanen vom aufsteigenden Magma häufig Bruchstücke aus größerer Tiefe mitgerissen worden: die bei höheren Drucken entstandenen oben beschriebenen *Mantelknollen* (Abb. 11–15).

Die allermeisten Laven auf der Erde sind basaltisch. Auch die Kruste des Mondes und die der Planeten besteht im Wesentlichen aus Basalt. Basalte bestehen zu etwa 50 Gew.-% aus SiO_2 und unterschiedlichen Anteilen an anderen Elementen. Die primitiven Basalte enthalten mehr als 7 Gew.-% MgO, viel Ca und sind reich an den Spurenelementen Cr und Ni. Die meisten aus dem Mantel aufsteigenden – basaltischen – Magmen gelangen allerdings nicht bis an die Erdoberfläche, sondern bleiben unterwegs stecken und erstarren als Gänge oder bilden Magmakammern, wenn sie in größeren Mengen aufgestiegen sind. Wenn sie abkühlen, entstehen in der Schmelze Kristalle (Abb. 12, 14, 15). Anhand ihrer komplexen chemischen Zusammensetzung lässt sich nachweisen, dass sie eine lange Vorgeschichte haben und z.T. bei hohen Drucken in größerer Tiefe gewachsen sind, vermutlich noch unterhalb der Erdkruste.

[Abb. 21] Blockbild des mitteleuropäischen Rheinischen Schildes, der im Süden und im Norden (Kölner Bucht) vom Rheingraben geschnitten wird. In der Mitte des Schildes setzt sich der Rheingraben im Neuwieder Becken fort. Aus dem aufsteigenden kristallinen Mantelmaterial (Pfeil) entsteht bei der Druckentlastung Magma, das die Eifelvulkane speist. Häufige Erdbeben (Kreise) entstehen entlang der Verwerfungen im Rheingraben sowie an der Basis der Oberkruste. Verändert nach (1).

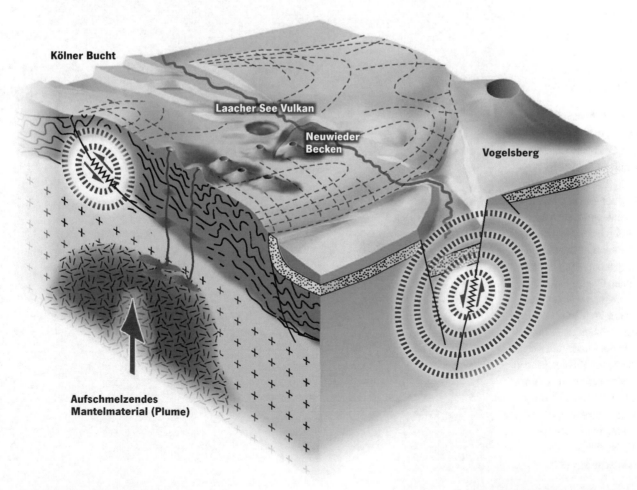

Kölner Bucht

Laacher See Vulkan

Neuwieder Becken

Vogelsberg

Aufschmelzendes Mantelmaterial (Plume)

Vulkane sind also einzigartige, direkte *Fenster in größere Erdtiefen.* Die unterschiedlichen Transportwege, Aufstiegsgeschwindigkeiten und Veränderungen eines Magmas kann man mit dem Bild eines Fahrstuhls veranschaulichen, wobei der Erdmantel direkt unter der Erdkruste den (sehr heißen) Keller darstellt und die kalte Erdoberfläche die 30. Etage (bei 30 km Krustendicke in der Eifel). Der Fahrstuhl kann an unterschiedlichen Etagen anhalten, wobei einige Personen aus- andere einsteigen. Nur ganz selten fährt der Magmafahrstuhl direkt vom Mantel bis in die 30. Etage. Normalerweise gibt es mehrere Zwischenhalte. Wenn Magmen aus unteren Etagen (die tiefere Erdkruste) einsteigen, können sie Bruchstücke

von langsam abgekühlten Magmen sowie von älteren Gesteinen aus der tieferen *Kruste* mitreißen – Gesteine, die wir sonst in diesem Gebiet nie zu Gesicht bekommen oder auch von Magmen, die dort schon längere Zeit abgekühlt und differenziert aber noch flüssig sind, wie das Gestein in Abbildung 15. Die meisten aus der Tiefe aufsteigenden Magmen steigen unterwegs aus und erstarren zu grobkörnigen plutonischen Gesteinen, in höheren Stockwerken, wo es merklich kühler ist, in der Form von Gängen.

An mindestens vier Stellen im Laacher See-Gebiet haben sich darüber hinaus größere Mengen von Magma – jeweils mehrere km³ – zwischen den Etagen 20 und 25 in

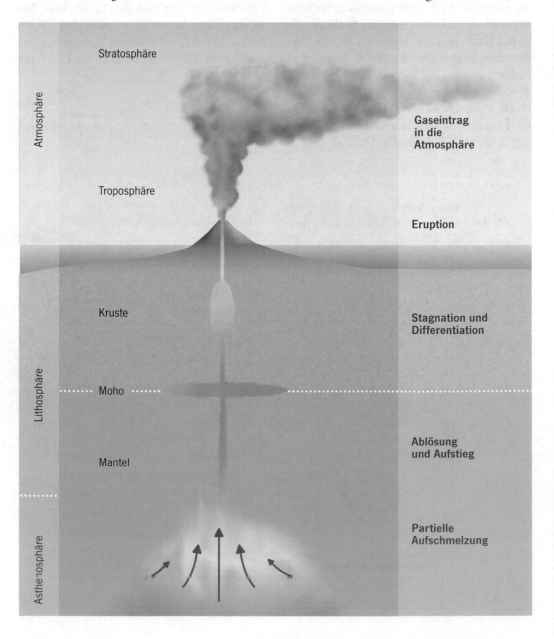

[Abb. 22] Schema eines Vulkan-Magmasystems. Die meisten Gesteinsschmelzen entstehen im Erdmantel in etwa 50 – 100 km Tiefe. Beim Aufstieg der – im Vergleich zum Mantelperidotit leichten – Schmelzen bleiben die meisten stecken und sammeln sich z. B. an der Mohorovičić genannten Grenze Erdmantel-Erdkruste, der Moho. Nur wenige der im Mantel erzeugten Schmelzen schaffen es bis in die Kruste, um sich in verschiedenen Krustentiefen in Magmareservoiren anzusammeln. Nur ein kleiner Teil der bis in die Kruste aufgestiegenen Magmen wiederum bricht tatsächlich an der Erdoberfläche aus (34).

Magmareservoiren gesammelt. Weil hier die umgebenden Krustengesteine schon sehr kalt sind, konnten sich die Magmen bei der Abkühlung durch Wachsen und Ausscheiden von Kristallen chemisch besonders stark verändern. Aus den dunklen, eisen- und magnesiumreichen basaltischen Magmen, aus denen die Schlackenkegel bestehen, sind helle, Aluminium-, Silizium-, Natrium-, Kalium- sowie wasser- und schwefelreiche Magmen entstanden, *Phonolithmagmen*, wie der Fachmann sagt. Diese Vulkane sind für die Eifel vergleichsweise groß. In der Osteifel sind dies vor allem die Gebiete bei Kempenich und Rieden, der Kessel von Wehr und der Laacher See-Vulkan. Aus diesen Vulkanen sind zu unterschiedlichen Zeiten gewaltige Mengen an *Bimslapilli* und *Asche* ausgeworfen worden. Asche ist lediglich das feinkörnige Material unter 2 mm, das überwiegend aus Glassplittern besteht, die entstehen, wenn der blasenreiche Bims in der Erupti-

onssäule fein zerrieben wird. Man spricht dann auch von *Glasscherben*, weil Bims ja aus vulkanischem Glas besteht. Die Eruptionsgeschichte des jüngsten und größten dieser Vulkane, des Laacher See-Vulkans, stelle ich in Kapitel 5 und 6 ausführlicher vor.

[Abb. 23] Schema von Magmakammern in unterschiedlichen Tiefen unter verschiedenen Grundtypen von Vulkanen in der Eifel. Vulkane, in denen nur relativ primitive basaltische Laven eruptiert wurden, haben wahrscheinlich keine Magmareservoire innerhalb der mittleren oder oberen Kruste gebildet. Vulkane, in denen sich die chemische und mineralogische Zusammensetzung von primitiven zu „intermediären" d. h. stärker fraktionierten Magmen ändert, haben wahrscheinlich Reservoire in mittleren Krustentiefen gebildet. Die wenigen hochdifferenzierten Magmen (Phonolithe) haben sich in relativ oberflächennahen Magmakammern gebildet (37).

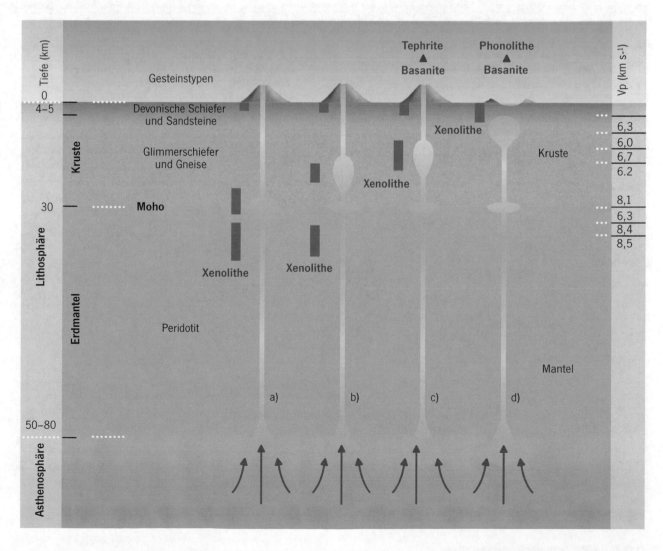

2. DIE QUARTÄREN EIFELVULKANFELDER

»In Coblenz hielt ich mich nicht länger als einen halben Tag auf. Als ich die Straßen dieser Stadt betrachtete, schien es mir, als wenn einige derselben etwas Dunkles hätten. Ich suchte die Ursache davon auf, und merkte dass beinahe alle Einfassungen der Fenster ... aus einem schwarzen und gleichsam geräucherten Steine bestanden, der voller Löcher war. Ich untersuchte diesen Stein; ich hielt ihn für ein Product, dass die Gewalt des Feuers hervorgebracht haben müßte.«

C. Collini 1777 (12)

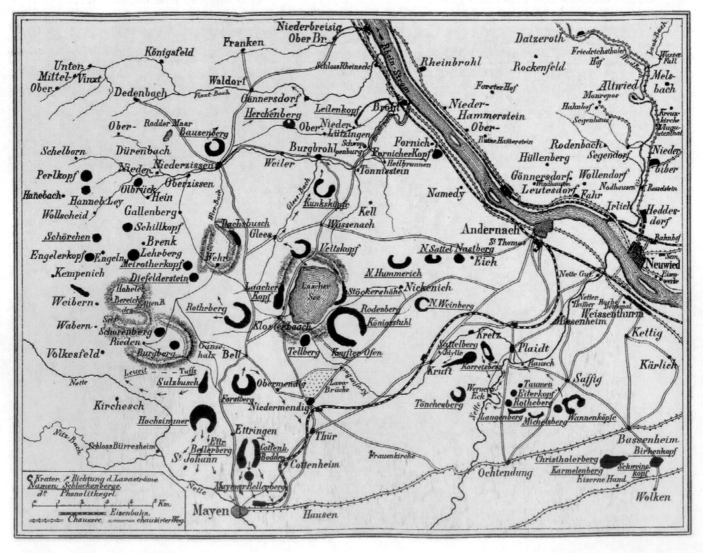

Der Untergrund

UNSERE ERDE BRAUCHTE 4,6 Milliarden Jahre, um sich so zu entwickeln wie sie heute ist. Ein kleiner Vulkan, etwa ein Schlackenkegel wie der Wingertsberg am Laacher See oder der Plaidter Hummerich (Abb. 24), entstehen meist in wenigen Wochen bis Monaten, manchmal einigen Jahren. Ein großer Vulkan, wie der Laacher See, aus dem vor rund 12 900 Jahren über 6 km³ Magma eruptiert wurde – etwa doppelt soviel wie aus allen 300 Schlackenkegeln mit ihren Lavaströmen der Ost- und Westeifel zusammen – ist hauptsächlich vermutlich innerhalb weniger Tage eruptiert – die Spätphase hat aber wahrscheinlich viele Monate gedauert. In dieser extrem kurzen Zeit stiegen gewaltige Massen an Asche und Bims bis über 20 km hoch in die Atmosphäre und wurden bis nach Schweden, Frankreich und Italien geweht, wo sie heute dünne Lagen in Mooren und Seesedimenten bilden, die beste Zeitmarke in der jüngsten geologischen Vergangenheit Mitteleuropas.

Der Untergrund dieses jüngsten Vulkangebietes in Mitteleuropa besteht aus einer etwa 5 km mächtigen Oberkruste aus *devonischen Schiefern und Sandsteinen, die wiederum metamorphe Gesteine (z. B. Gneise) überlagern* (Abb. 25–26). Dies sind Gesteine, die im Erdaltertum, dem *Paläozoikum*, genauer im unteren Devon, vor etwa 350 Millionen Jahren in flachen Meeresbecken als Schlamm und Sand abgelagert, später verfestigt und gefaltet wurden (23). In der neueren Erdgeschichte wurden sie gehoben und abgetragen.

Die Vulkane der Westeifel haben sich im Wesentlichen auf diesem devonischen Untergrund entwickelt mit Ausnahme eines alten eingesunkenen Nord-Süd verlaufenden Grabengebietes mit mitteldevonischen Kalksteinen und Resten von jüngerem Buntsandstein aus der *Trias* (dem frühen Erdmittelalter, etwa 200–250 Millionen Jahre vor heute) im Gebiet Gerolstein-Hillesheim (Abb. 27). Auch tertiäre Tone und Sande haben sich örtlich auf dem eingeebneten älteren Gebirge vor etwa 23–34

Millionen Jahren abgelagert (Abb. 28–29). Bruchstücke dieser Kalke, Buntsandsteine und lokal tertiärer Tone und Quarzgerölle finden sich in den Tephraablagerungen zahlreicher Vulkane wie dem Feuerberg.

Weiter östlich, insbesondere im Gebiet Nürburg-Adenau, brachen vor etwa 40 Millionen Jahre, im *Eozän*, mehr als 300 Vulkane in der Hocheifel aus. Einzelne, weitgehend erodierte ältere alkalibasaltische Vulkane finden sich auch in beiden quartären Vulkanfeldern. Die Vulkane des Westerwaldes, der sich östlich an das Neuwieder Becken anschließt, sind über 20 Millionen Jahre alt, aber es gibt im Westteil, zum Laacher See-Gebiet hin, auch einige, deren Alter zwischen 1,5 und 3 Millionen Jahre liegt.

Auch die Vulkane der Osteifel überlagern überwiegend devonische Siltsteine, Sandsteine und Tonschiefer, wobei das Devon hier im Wesentlichen aus unterdevonischen Schichten (Hunsrückschiefer) und Sandsteinen (Siegen) besteht. Das geologisch junge Vulkanfeld rings um den Laacher See wird im Osten von dem vom Rhein durchflossenen, durch tektonischen Einbruch entstandenen Neuwieder Becken bzw. vom Westerwald und im Süden von der Mosel begrenzt. Das Neuwieder Becken beginnt nördlich Andernach, reicht im Süden bis Koblenz und wird östlich von Neuwied von der Steilstufe des Westerwaldes und

[Abb. 25] Bruchstück von Granitgneis aus der tieferen Erdkruste der Eifel, vom aufsteigenden Magma des Niedermendiger Lavastroms mitgerissen. EEVF.

[Abb. 24] Verteilung der Schlackenkegel rings um den Laacher See (4).

[Abb. 26] Bunte, vermutlich hydrothermal überprägte devonische Schiefer und Sandsteine bei Dockweiler. WEVF.

[Abb. 27] Von umgebenden heißen Schlacken aufgeheizter Block aus triassischem Buntsandstein. Bei der Abkühlung und Schrumpfung bildeten sich radiale Säulen. Lühwald bei Bettingen. WEVF.

[Abb. 28] Aus dem Laacher See Krater zusammen mit Basaltblöcken und Bimslapilli ausgeworfene Tonfetzen. Der weiche Ton wurde beim Aufprall und durch die Auflast breit gedrückt. Wingertsberg. EEVF.

im Westen vom Laacher See begrenzt. Dieses Becken wurde im Tertiär von See- und Flussablagerungen bedeckt, die örtlich mehrere Zehner Meter Mächtigkeit erreichen. Allerdings wurden diese weichen Sedimente später weitgehend von Flüssen ausgeräumt. Auch im Nordosten der Lacher See-Umwallung stehen diese weichen Tone an. Immer wieder rutschen die Hänge in diesen weichen Sedimenten ab. Auch in den Auswurfmassen des Laacher See-Vulkans, des Herchenbergs und vieler Vulkane der Osteifel finden sich z. T. metergroße Fladen dieser Tone (Abb. 28, 29) sowie auch Quarzgerölle von Flussschottern. In zahlreichen Tongruben wie bei Kruft und Mülheim-Kärlich sind die Tonablagerungen aufgeschlossen. Das Eruptionsverhalten vieler Vulkane ist durch diese Ablagerungen wesentlich mitbestimmt worden. Die Schotter führen Grundwasser

während die Tone dichte Sedimentdecken über den Geröllen bilden. Beim Aufstieg eines Magmas haben sich daher häufig hohe Drücke durch das aufgeheizte Grundwasser entwickelt. Die Ablagerungen der resultierenden hochexplosiven Eruptionen sind daher generell sehr feinkörnig und von großen Tonflatschen durchsetzt, wie später ausführlicher diskutiert.

Ein Riss geht durch Europa

ES GIBT IN Europa mehrere alte gehobene Blöcke, wie das *Massif Central* in Frankreich oder die *Böhmische Masse* (Abb. 19, 21). Einige, wie der *Rheinische Schild*, heben sich auch heute noch (25). Unter den Blöcken vermutet man aufsteigende Mantelströme, die oben diskutierten *Plumes*, in denen beim Aufstieg einige Kristalle des Mantelgesteins etwas

[Abb. 29] Gemischte Ablagerungen von zwei getrennten aber gleichzeitig aktiven Schloten am Rothenberg westlich vom Laacher See. Aus dem phreatomagmatisch eruptierenden Schlot stammen die gesteinsfragmentreichen, hellen feinkörnigen Schichten, die überwiegend aus fragmentierten Tuffen des phonolithischen Wehrer Kessels bestehen, die das basaltische Vulkangebäude direkt unterlagern. Gleichzeitig förderte ein weiterer Schlot entlang der Eruptionsspalte die schwarzen schlackigen Bomben.

schmelzen. Ein kleiner Teil des Magmas schafft den Weg an die Erdoberfläche: die jungen Vulkanfelder Mitteleuropas sind das Ergebnis.

Das tektonisch entstandene *Neuwieder Becken* ist ein etwas isoliertes Zeugnis einer riesigen Riftzone, die ungefähr Nord-Nordost südlich von Frankfurt und von dort bis in die Kölner Bucht Nordwest-Südost verläuft. Es handelt sich um das *Rheingrabensystem*. Vor einigen Zehnern von Millionen Jahren wölbte sich die Erde entlang dieser Zone, die von den Alpen bzw. dem Juragebirge bis in den Bereich der Nordsee reicht. Im Süden, zwischen den gehobenen Blöcken Schwarzwald und Vogesen riss die Kruste infolge der Dehnung, ein tiefer Graben sackte ein und lenkte den Rhein in sein Bett. Dieses wurde im Laufe der Zeit beim stetigen Absinken mit hunderten von Metern von Flussschottern verfüllt. Etwa in der Gegend von Frankfurt entstand ein Nord-Nordost verlaufender Seitenarm, der von Vulkanen markierte *Leinegraben*. Nördlich vom Zusammenfluss von Main und Rhein blieb ein

großer Block, der Rheinische Schild, der von den Ardennen im Westen bis zum Leinegraben bei Kassel reicht, weitgehend intakt. Nur in der Mitte brach das erwähnte Neuwieder Becken ein, das sich seit dem mittleren *Tertiär* bis heute um bis zu 350 m tief einsenkte, also etwa 1,2 mm in 100 Jahren. Weiter im Nordwesten brach entlang von fächerförmigen Verwerfungen das tektonische Becken der Kölner Bucht ein, in dem alle paar Jahre Erdbeben zeigen, dass die Erde hier auch heute keineswegs zur Ruhe gekommen ist. Das Rheingrabensystem entstand bei der Kollision der Afrikanischen mit der Eurasischen Platte. Die Alpen – und der Jura – sind sozusagen die Knautschzone zwischen diesen gigantischen sich aufeinander zu bewegenden Platten.

Westeifel und Osteifel

SCHLACKENKEGEL, die mit Abstand häufigsten Vulkane auf der Erde (Abb. 30 – 32), sind gesellig. Sie kommen meist in Grup-

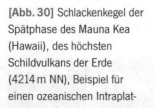

[Abb. 30] Schlackenkegel der Spätphase des Mauna Kea (Hawaii), des höchsten Schildvulkans der Erde (4214 m NN), Beispiel für einen ozeanischen Intraplat-

pen vor und bilden Vulkanfelder von etwa
30–50 km Durchmesser. Das ist auch in der
Eifel so. Die Westeifel besteht aus rund 240,
das Laacher See-Gebiet, auch Osteifel genannt,
aus rund 100 Vulkanen (Abb. 17, 33–34, 37).
Die neuere, landschaftsprägende Phase der
Vulkaneruptionen begann erst vor ungefähr
600 000 Jahren. Man kann heute anhand
hochpräziser Altersdatierungen an Einzelkris-
tallen mehrere vulkanische Hauptphasen voneinander unterscheiden. In der Westeifel entstanden die meisten Vulkane vor etwa 400 000
bis 500 000 Jahren. Jüngere Vulkane wie etwa
die wassergefüllten Maare und der Wartgesberg
sind wohl meist jünger als 100 000 oder sogar
50 000 Jahre, das Meerfelder Maar z. B. ist nach
unseren Datierungen etwa 45 000 Jahre alt.
Der allerjüngste Vulkan ist das 11 000 Jahre alte
Ulmener Maar, es ist also fast 2000 Jahre jünger als der Laacher See-Vulkan (46).

Auch in der Osteifel war die vulkanische
Aktivität episodisch. Mit anderen Worten in
geologisch kurzen Zeiträumen brachen jeweils

[Abb. 31] Oben: Schlackenkegel Monti
Silvestri am Hang vom Ätna (Sizilien).
Die 1892 entstandenen Schlackenkegel
liegen auf ca. 2000 m Höhe und sind
leicht begehbar.

[Abb. 32] Unten: Schlackenkegel im Inneren
der Aso Caldera (Kyushu, Japan), Beispiel für
einen Vulkan oberhalb einer Subduktionszone.

besonders viele Vulkane aus (Abb. 35). Diese vulkanisch aktiven Phasen wechselten mit längeren Ruhepausen an der Erdoberfläche (7). In den drei großen Eruptionszentren – Rieden, Wehr und Laacher See – haben jeweils mehrere (Rieden) bzw. zwei (Wehr) größere Bimseruptionen stattgefunden, wenige Tausende bis Zehntausende von Jahren voneinander getrennt. Aus dem Laacher See-Becken, dem jüngsten großen Eruptionszentrum, ist bisher nur eine große Bimseruption bekannt (Abb. 34). In Analogie zu den älteren Eruptionszentren Rieden und Wehr kann eine weitere Bimseruption in der Zukunft nicht ausgeschlossen werden. Aber davon später mehr (Kapitel 7).

[Abb. 33] Karte der Verteilung der Vulkane der Osteifel- und Westeifelvulkanfelder. Der Übersicht wegen sind nicht alle Eruptionszentren gezeigt. Separat ausgewiesen sind für die Westeifel die jungen basanitischen Zentren und für die Osteifel die älteren der Riedenphase (37).

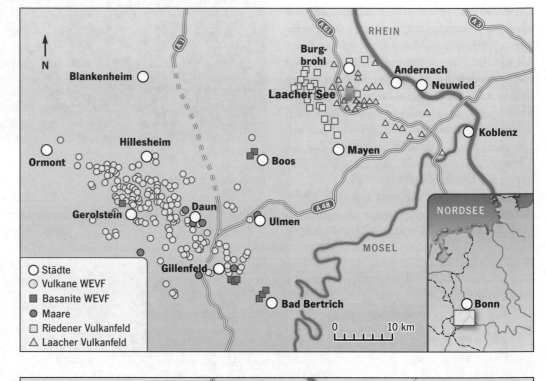

[Abb. 34] Verteilung der Vulkane und jungen Verwerfungen im Vulkanfeld der Osteifel. Die vier großen phonolithischen Eruptionszentren sind Kempenich (spekulativ), Rieden, Wehr und Laacher See. Das jüngere LSV Teilfeld ist farbig unterlegt (mit Ausnahme zweier älterer Vulkane nordöstlich des LSV). Die tektonischen Hauptzonen sind die paläozoische Siegener Hauptüberschiebung und die geologisch jungen Verwerfungen des Neuwieder Beckens (nach (23) und (1)). Eruptionszentren nach 32. Die seismisch aktive sogenannte Ochtendunger Herdzone streicht ähnlich wie ein tektonischer Graben, der synvulkanisch während der Eruption des Laacher See Vulkans entstand und bis nach Mendig reicht (38).

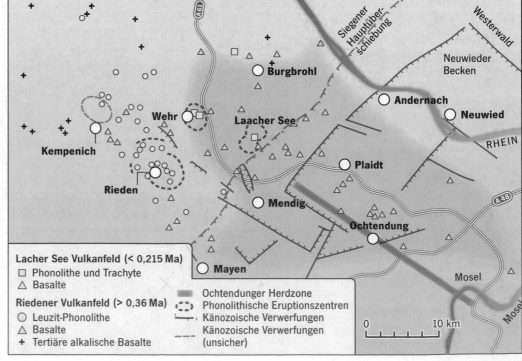

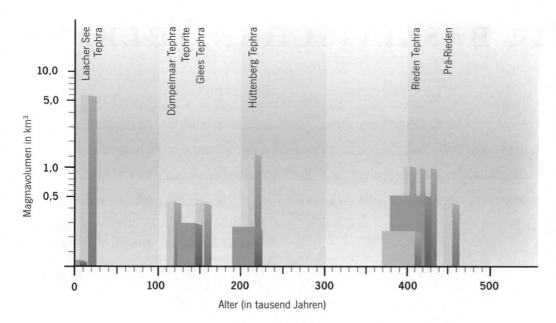

[Abb. 35] Altersverteilung und ungefähre Volumina und Alter der eruptierten Magmen der wichtigsten vulkanischen Phasen im EEVF. Alter und Dauer der drei jüngsten Phasen (Laacher See, Wehr und Rieden) sind relativ gut bekannt, jedoch nicht das der Prä-Rieden Phase. Nur das Volumen des bei der LSE eruptierten Magmas ist gut bekannt (ca. 6,3 km³) jedoch nicht das der anderen Phasen, da die Ablagerungen weitgehend erodiert wurden (7, 37).

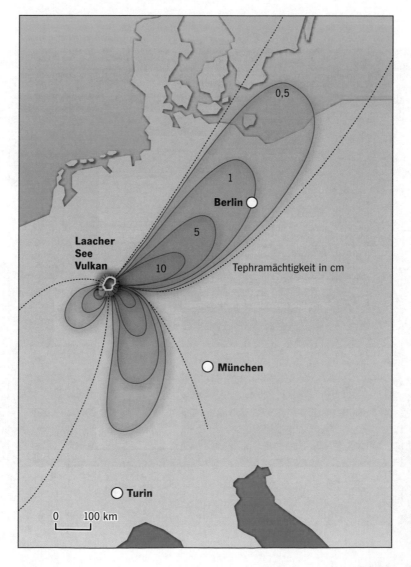

[Abb. 36] Regionale Verbreitung der Laacher See Tephra Isopachen (Linien gleicher Mächtigkeit in cm) in Mitteleuropa (38).

3. DIE BASALTISCHEN VULKANE

»Unterschiedene Berge brennen zu gewissen Zeiten, und stossen alsdenn Dampf, auch wohl helle Feurflammen, Asche und große Steine aus, ja, von einigen derselben, fließet eine feurige und dicke Materie herab, die wenn sie kalt geworden, steinhart ist, also daß man Straßen mit derselben pflastern kann.«

AF Büsching
Unterricht in der Naturgeschichte für diejenigen
welche noch wenig oder gar nichts von derselben wissen.
Berlin 1778

© Springer-Verlag Berlin Heidelberg 2014
H.-U. Schmincke, *Vulkane der Eifel*, https://doi.org/10.1007/978-3-8274-2985-8_3

Für einen Fachmann sind die „kleinen" Vulkane, also die Maare, Lapillikegel und Schlackenkegel keine echt *basaltischen* Vulkane, obwohl ich sie hier der Einfachheit halber so nenne. Denn die chemische und mineralogische Zusammensetzung der vulkanischen Eifelgesteine ist exotisch. Die Eifelmagmen sind nämlich – weltweit sehr selten – reich an Kalium, einem wichtigen Bestandteil der in den Basaltlaven der Eifel häufigen *Glimmerminerale*. Sie sind auch arm an Siliziumdioxid (SiO_2) und enthalten daher in der Grundmasse die SiO_2-armen Minerale *Leuzit* und *Nephelin*. Streng genommen umfassen die dunklen, im weitesten Sinne basaltischen Magmen der Eifel, abhängig von ihrer unterschiedlichen mineralogischen und chemischen Zusammensetzung, *Basanite* (in der jüngeren Osteifel vorherrschend, auch einige junge Westeifelvulkane sind basanitisch), *Nephelinite, Leuzitite* und die höher differenzierten *Tephrite*, Begriffe, die

selbst „normalen" Geologiestudenten nicht vertraut sein werden. In diesem Buch bezeichne ich diese unterschiedlichen Magmazusammensetzungen pauschal als basaltisch.

Im Querschnitt bestehen Schlackenkegel in der Eifel aus verschiedenartigen Gesteinsformationen oder Ablagerungen, die ganz unterschiedliche Entwicklungsstadien widerspiegeln (Abb. 38). *Tephra* ist der Name für vulkanisches Lockermaterial jeglicher Zusammensetzung und Korngröße. Tephra wird anhand der Korngröße in mehrere Fraktionen untergliedert. Die feinste Fraktion nennt man *Asche*, (Mineral- oder Glasbruchstücke *(Scherben))*, aber auch Nebengestein mit einem Durchmesser unter 2 mm. *Lapilli* sind 2 bis 64 mm im Durchmesser, während Partikel über 64 mm *Bomben* genannt werden, wenn sie noch heiß oder flüssig beim Transport waren (also Teile vom Magma sind) oder *Blöcke,* wenn es sich um festes Nebengestein handelt. Man unterscheidet *pyroklastische*, d. h. „trocken" bei hohen Temperaturen (durch Ausdehnung von Gasblasen) entstandene von *phreatomagmatischen* Eruptionsmechanismen, die durch Magma-Wasser-Kontakt entstehen und bei denen die Partikel meist kühl und feucht abgelagert werden und reich an Nebengestein sind.

Die also im weitesten Sinne basaltischen Vulkane unterteile ich hier nach den vorherrschenden Ablagerungen in drei unterschied-

[Abb. 37] Der Krufter Ofen, einer der charakteristischen Schlackenkegel, welche das Laacher See Becken kranzförmig umgeben. Die Flanken des tephritischen Kegels sind von den Aschenmassen der LST verhüllt. Außenrand des Laacher See Beckens zwischen Mendig und Nickenich. EEVF.

[Abb. 38] Schematischer Querschnitt durch einen typischen quartären Schlackenkegel in der Eifel. Der Einbruchskrater entsteht meist zu Beginn im Zusammenhang mit der phreatomagmatischen Initialphase (1). Während der Haupttätigkeit wird der eigentliche Schlackenwall (2) aufgebaut, der von verschweißten Schlacken am Innenrand zu lockeren am Außenhang zoniert ist. Die Hangrutschschichten (3) entstehen im Spätstadium (31).

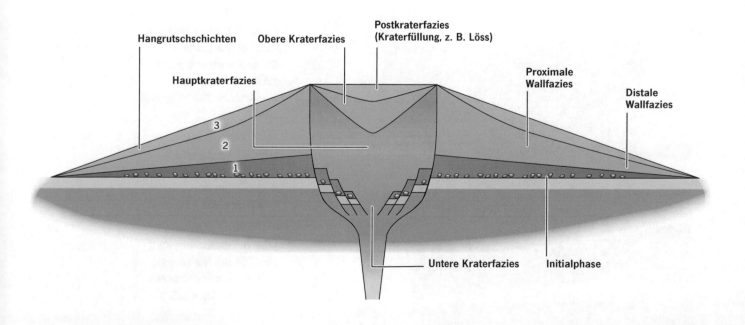

Hangrutschschichten
Obere Kraterfazies
Postkraterfazies (Kraterfüllung, z. B. Löss)
Proximale Wallfazies
Distale Wallfazies
Hauptkraterfazies
3
2
1
Untere Kraterfazies
Initialphase

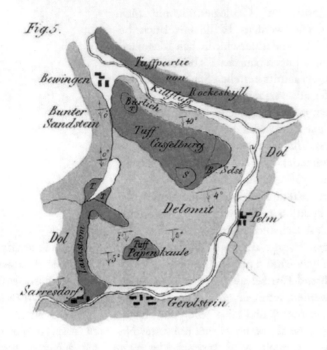

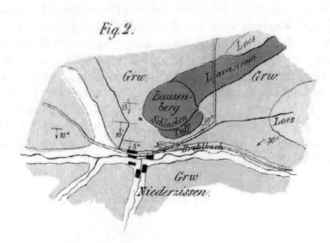

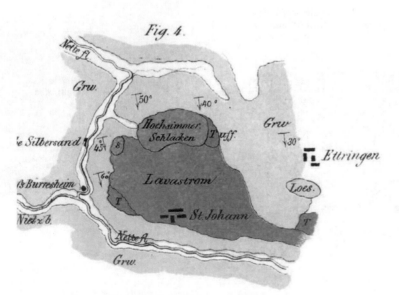

liche Gruppen: *Maare, Lapillikegel* und *Schlackenkegel*. Ein Schlackenkegel beginnt meist mit einer Phase, in der aus der Tiefe aufsteigendes Magma auf Grundwasser trifft. In einem einzigen Vulkangebäude gibt es aber alle Übergänge zwischen diesen drei Haupttypen und in vielen Vulkanen folgen sie aufeinander: Maare – Lapillikegel – Schlackenkegel. Im Anschluss an die drei Haupttypen von Vulkangebäuden diskutiere ich die Lavaströme, Gänge, Diskordanzen und die häufigen Deckschichten in den Kratermulden.

Die basaltischen Vulkane der Westeifel sind zahlreicher aber weniger landschaftsbestimmend als die der Osteifel. Das liegt zum einen daran, dass die meisten wesentlich älter sind. Zum anderem muss man bedenken, dass das Gebiet der Westeifel um etwa 200 m höher liegt als das der Osteifel und daher viel mehr Regen abbekommt als die relativ trockene Osteifel. Mit Ausnahme von jungen Vulkanen wie dem Wartgesberg oder dem Mosenberg sind basaltische Vulkane der Westeifel meist stärker bewaldet und erodiert und heute meist nur in Steinbrüchen aufgeschlossen. Beispiele für Steinbrüche sind der Goldberg bei Ormont an der Grenze zu Belgien, der Feuerberg, der Rockeskyller Kopf, der Goßberg, der Eselsberg, der Ringseitert, der Mosenberg und der Wartgesberg. Die Vulkandichte ist besonders groß in einem Zentralgebiet zwischen Daun, Gerolstein und Hillesheim, wo sich oft meh-

[Abb. 39] Geologische Karte von 1864 des Gebietes Gerolstein-Pelm-Rockeskyll-Bewingen mit dem jungen Lavastrom bei Sarresdorf (42). WEVF.

[Abb. 40] Geologische Karte von 1864 des Bausenberg Schlackenkegels und seines Lavastroms (42). EEVF.

[Abb. 41] Geologische Karte von 1864 des Hochsimmer Schlackenkegels und seines Lavastroms (42). EEVF.

rere Vulkanzentren überlappen und die Grenzen zwischen zwei Vulkanen häufig nicht genau zu bestimmen sind. In den Randbereichen des Vulkangebietes sind einzelne Vulkanbauten meist deutlicher voneinander getrennt. Landschaftsbestimmend in der Westeifel sind die Maare, vor allem Ulmener, Gemündener, Weinfelder, Schalkenmehrener, Pulvermaar und das große Meerfelder Maar.

Das westliche Neuwieder Becken ist landschaftlich durch eine Reihe von Schlackenkegeln gegliedert, von denen oft mehrere zusammen kleinere Vulkangruppen oder Vulkanreihen bilden (Abb. 9, 17, 24, 33, 34, 37, 39–41). Im Südosten des Feldes sind dies vor allem die etwa Ost-West und Südwest-Nordost streichenden Gruppen des Karmelenberges südlich und der Eiter- und Wannenköpfe nordöstlich Ochtendung (Abb. 55). Mehr im Zentrum des Neuwieder Beckens liegt die Reihe Korretsberg-Kollert und der stark abge-

baute Plaidter Hummerich. Der Laacher See ist kranzartig umgeben von den Kegeln Thelenberg, Wingertsberg, Krufter Ofen (Abb. 37), Roterberg, Heidekopf, Jungbüsch, Eppelsberg, Veitskopf, Laacher Kopf und, etwas weiter westlich, Rothenberg und Dachsbusch. Nordöstlich und nördlich des Laacher Sees liegen, neben den stärker abgebauten Vulkanen Nickenicher Sattel und Kunkskopf, der unter Naturschutz stehende Vulkan Nastberg bei Eich, davon südlich der Nickenicher Hummerich sowie, bei Niederzissen, der gut erhaltene Bausenberg (Abb. 40), durch dessen Lavastrom die Autobahn nördlich der großen Brücke über das Brohltal führt sowie die älteren Vulkane Herchenberg und Leilenkopf. Nach Süden liegen die höher gelegenen Kegel wie der landschaftsbeherrschende Hochsimmer mit seinem großen Lavastrom (Abb. 41, 43, 44) sowie Hochstein und Ettringer Bellerberg.

[Abb. 42] Sarresdorfer Lavastrom bei Gerolstein. WEVF.

[Abb. 43] Hochsimmer Lavastrom (An der Ahl). Oberlauf bei St. Johann. EEVF.

[Abb. 44] Bellerberg Lavastrom am Triaccaweg in Mayen kurz vor seinem Terminus. EEVF.

[Abb. 45] Im Nettetal aufgestauter, ca.
200 000 Jahre alter Lavastrom von den
Eiterköpfen. Der Strom besteht aus
mehreren Lavafließ- und Abkühlungsein-
heiten. Ostufer der Nette gegenüber Ruine
Wernerseck. EEVF.

Feuer und Wasser:
die kalte Anfangsphase und die Maare

DER TRIERER GYMNASIALLEHRER Johann Steininger (1794–1874) – Karl Marx war einer seiner Schüler – berichtete in seinem 1820 erschienenen Klassiker (41) über eine bahnbrechende Entdeckung: *Im vulkanischen Distrikte am Rheine sind bis jetzt 26 Kratere aufgefunden, welche teils als Maare bekannt sind und nur zertrümmertes Gebirge mit staubigem grauen Sande und verschlackten vulkanischen Kugeln ausgeworfen haben, sodass sie meistens kalte Eruptionen gehabt zu haben scheinen; 1) Laacher See, 2) Maare zu Ulmen, Daun, Gillenfeld usw.* Mit anderen Worten, dies waren seiner Meinung nach zwar Vulkane aber keine Feuerberge bzw. Feuerkrater. Mit dieser Interpretation war Steiniger seiner Zeit um 150 Jahre voraus! Wenn man sich die Ablagerungen der

Ringwälle um die Maare in der Westeifel ansieht, ist man als Laie zunächst verblüfft (z. B. Ulmen, Meerfeld, Weinfelder Maar oder Pulvermaar) (Abb. 46–54). Es scheint, als ob hier jemand zerkleinerte devonische Schiefer und Sandsteine aufeinander geschüttet hätte. Auch in der Osteifel gibt es ein Maar, das Lummerfeld bei Wassenach. Dessen Ablagerungen ähneln denen in der Westeifel, sind aber nur entlang der steilen Straße von Wassenach nach Burgbrohl aufgeschlossen, wo sie den Schlackenkegel des Kunkskopf überlagern. Allerdings sind die phreatomagmatischen Ablagerungen der Osteifelvulkane meist deutlich feinkörniger als die in der Westeifel (Abb. 48). Das liegt daran, dass tertiäre Tonschichten im niedrig gelegenen Neuwieder Becken viel häufiger erhalten sind als in dem sehr viel höher gelegenen WEVF. Tonreiche Ablagerungen sind also in den initialen Ablagerungen der

[Abb. 46] Ulmener Maar, der mit ca. 11 000 Jahren jüngste Vulkan Deutschlands. Das Maar (Höhe 453 m NN) misst 510 x 350 m und ist 86 m tief. WEVF.

Vulkane wie am Herchenberg, Plaidter Hummerich oder den Wannenköpfen nicht selten.

Viele Schlackenkegel in der Eifel zeigen eine weitere Besonderheit: Die ältesten Lagen, also die Ablagerungen der ersten Eruptionsphasen sind helle, meist feinkörnige Tuffe mit größeren Bruchstücken von devonischen Schiefern oder Sandsteinen, einige mit einem Durchmesser von über 1 m (Abb. 48, 51). Diese ersten Ablagerungen entstehen dann, wenn aufsteigendes Magma mit Grundwasser in Berührung kommt und dieses aufheizt, so dass in hochexplosiven Dampferuptionen (so genannte phreatomagmatische Eruptionen) viel Nebengestein von den Schlotwänden abgesplittert und ausgeworfen wird. Dabei entsteht meist zunächst ein Krater mit einem niedrigen Randwall – im Prinzip ein Maar, wie wir es vor allem aus der Westeifel kennen. Auch die Maare verdanken ihren Ursprung dem Zusammentreffen von Feuer und Wasser – allerdings nur zum Teil wie neuere Untersuchungen zeigen. Viele Schlackenkegel haben also als Maar angefangen und erst dann heißere Lavafetzen auswerfen können, als die Wasserzufuhr gestoppt war. Andere Beispiele wie das Oberwinkeler Maar (Abb. 53) zeigen den umgekehrten Verlauf, d. h. eine überwiegend magmatische Phase wurde gefolgt von hoch energetischen Maarexplosionen. Sehr häufig kann man diese Wechsellagerung auch durch Eruptionen entlang einer längeren Spalte erklären, wobei aus einem Schlot heiße magmatische Lapilli eruptiert werden, während in der Nähe das auf Spalten aufsteigende Magma auf Grundwasser traf (Abb. 29).

Die früher weit verbreitete (aber nie belegte) Annahme, dass Maare durch CO_2-Eruptionen entstehen (15), war nach unseren 1970 begonnenen Untersuchungen und denen von Lorenz und Mitarbeitern (22) nicht mehr halt-

[Abb. 47] Winterstimmung am Weinfelder Maar bei Daun (Höhe 484 m NN). Das Maar misst 525 x 375 m und ist 52 m tief. WEVF.

[Abb. 48] Schwarze, im Oberteil durch Verwitterung gelb gefärbte basaltische Lapilliablagerungen (Bildunterteil) überlagert von hellen schlecht sortierten, initialen phreatomagmatischen Ablagerungen des Schlackenkegels Plaidter Hummerich. Diese sind reich an bis zu 3 m großen Tonflatschen (Pfeile) aus dem Untergrund. Nach oben gehen die hellen phreatomagmatischen Ablagerungen immer stärker in dunkle pyroklastische Lapilli- und Schlackenablagerungen über. EEVF.

bar, weil die überprüfbaren Beweise für – und Hinweise auf – Wassereinfluss überwältigend waren. Was im Einzelnen beim Kontakt zwischen Magma und Wasser passiert, ist allerdings recht kompliziert und wenig erforscht. Eine intensive Vermischung von Magma und Nebengestein spiegelt sich auch in den von unzähligen Gesteinssplittern durchsetzten dichten basaltischen Bomben wider, die für phreatomagmatische Ablagerungen typisch sind (Abb. 54). Nach unseren neueren Untersuchungen scheint aber das aufsteigende Magma zumindest bei einigen Maaren (z. B. Meerfeld, Dreiser Weiher, Pulvermaar, Ulmen) schon in der Tiefe durch entweichende Gase, vor allem CO_2, pyroklastisch zerrissen, also fragmentiert gewesen zu sein. Erst wenige 100 m unter der Erdoberfläche traf dieses Gemisch aus Gas und Magmafetzen auf Grundwasser und brach dann in vielen Einzelexplosionen an der Erdoberfläche aus.

[Abb. 49] Basis der Maarabfolge Meerfelder Maar (Grube Leyendecker):
(1) gebleichter (verwitterter) Buntsandstein,
(2) an Holzkohle reicher schwarzer Oberteil (Alter ca. 45 000 Jahre),
(3) schlecht sortierter Basistuff mit Pflanzenresten – phreato-magmatische Initialphase,
(4) basaltische Fallout-lapilli – pyroklastische Vorphase,
(5) Basis der feinkörnigen unteren Maarablagerungen.

[Abb. 50] Meerfeler Maar. Grobkörniges Schichtintervall. Lateraler Bodentransport (Base surge, Jet) spiegelt sich in Erosionsrinnen und Diskordanzen wider (1) sowie in Dünen (2). Stift (ca. 20 cm) als Maßstab. Transportrichtung von rechts nach links.

[Abb. 51] Wechsellagerung von grob- und feinkörnigen Schichten des Ulmener Maars oberhalb der Kirche.

[Abb. 52] Grobkörnige fremdgesteinsreiche Maarablagerungen aus der unteren grobkörnigen Lage von Abb. 51. Großer devonischer Block (Pfeil) in der gleichen Schicht.

[Abb. 53] Dunkle, relativ dichte basaltische Bomben und Lapilli mit einigen hellen, an devonischen Schieferstückchen angereicherten Lagen abrupt überlagert von hellen Maarablagerungen, die hier extrem reich an Bruchstücken aus der tiefen, mittleren und oberen Kruste sind. Oberwinkeler Maar. WEVF.

[Abb. 54] Dichte Basaltbombe durchsetzt mit hellen Bruchstücken von vor der Eruption fragmentiertem devonischem Schiefer und Sandstein, die sich erst kurz vor dem Ausbruch mit dem Magma vermischten und daher nicht aufgeschmolzen sind. Booser Maar. WEVF.

[Abb. 55] Querschnitt durch den Schlackenkegel Wannenköpfe bei Ochtendung. An der Basis sind zwei Generationen (1, 2) von geschichtetem hellen bis hell-dunkel gestreiften an Tonflatschen und Kieseln reichen phreatomagmatisch entstandenen Tephraringen aus dem Initialstadium aufgeschlossen. Der Kegel selber besteht aus einer Außenflanke (Wall, 3), in der die Schlacken nach außen zu schwärzer werden, weil schwächer durch heiße Gase oxidiert. Die nach links einfallende Kraterdiskordanz zur inneren Kraterfüllung (4) ist rechts gut zu erkennen. Der Schlackenkegel wird von mehreren Ganggenerationen durchzogen. Eine Besonderheit sind die roten Gänge, die aus mobilisiertem tertiärem Ton aus dem Untergrund bestehen. Sie sind bis zur obersten Kratermulde (5) aufgestiegen und haben dort durch Tonfontänen eine tonreiche Sedimentablagerung gebildet. Spektakulär ist der Aufstieg von Basalt in mobilisiertem Ton (6) (Detail in Abb. 56). EEVF.

[Abb. 56] An der Basis etwa 4 m breite und 8 m hohe Mischung aus glasig abgeschreckten, unregelmäßig geformten Basaltschlacken eingebettet in extrem blasigen Ton, der sich an der Spitze der domförmigen Struktur (1) angesammelt hat. Diese komplexe Mischung wird seitlich von basaltischen Gängen (2) begrenzt. Links zahlreiche z. T. stark verästelte rote Gängchen (3) aus Ton. Dieser ungewöhnliche Aufschluss kann am plausibelsten durch Eindringen von heißer Basaltschmelze in mächtige tertiäre Tone erklärt werden, die aufgeheizt und mit Dampf vermischt, als heiße Tonbrühe zusammen mit den in dieser Mischung in Fetzen zerrissenen Basaltschmelze nach oben intrudiert wurde. Die hochmobile Mischung aus Dampf und dispergiertem Ton sammelte sich an der Spitze an und wurde z. T. durch den Schlackenkegel bis in die oberste Kratermulde injiziert, wo sie als Tonfontäne eruptierte. EEVF.

Lauwarm: die merkwürdigen Lapillikegel

ES GIBT EINE in der Eifel weit verbreitete Gruppe von basaltischen Vulkanen, die in der Literatur – auch der wissenschaftlichen – normalerweise nicht gesondert beschrieben werden. Der Grund, warum ich ihnen hier ein eigenes Unterkapitel widme, liegt einfach darin begründet, dass sie streng genommen keine Schlackenkegel sind – d.h. wenig oder gar keine Schlacke enthalten – aber auch keine Maare darstellen. Locker gesprochen könnte man sie die warmen oder lauwarmen Vulkane nennen. Den Begriff *Lapillikegel* verwende ich hier für Vulkane, in denen Kugellapilli in mehr oder weniger gut geschichteten Lagen oder Bänken besonders häufig sind oder dominieren. Allerdings können auch viele der Schlackenkegel z.T. größere Anteile an Lapilli enthalten. Diese sind jedoch meist unregelmäßig in der Form und braun bis rötlich oxidiert. Die schwarzen weit verbreiteten Falloutlapillilagen bestehen aus schwarzen, sehr blasigen Lapilli.

Kugellapilli sind, wie der Name sagt, nicht eckig, sondern rundlich und häufig zusammengesetzt, d.h. sie bestehen oft aus mehreren Generationen von schwach blasigen heiß verformten Lapilli, die unterschiedlich stark miteinander verschweißt und wie die russische Matroschka-Puppe ineinander verschachtelt sind (Abb. 57). Die Kugellapilli selber und Kugellapillilagen sind miteinander meist nicht oder nur schwach verschweißt und Nebengesteinsbruchstücke sind etwas häufiger als in den eigentlichen Schlackenkegeln, aber weit seltener als in den eigentlichen Maarablage-

rungen. In der Osteifel bestehen die Flanken des Herchenbergs überwiegend aus Kugellapilli. Ablagerungen aus kugeligen Lapilli sind besonders gut in der Westeifel aufgeschlossen wie im Feuerberg, Grube Betteldorf (Abb. 58, 59) oder Ringseitert. Einige dieser Lapillikegel bestehen aus weit verbreiteten relativ horizontal abgelagerten Schichten. So können die Basisschichten im Feuerberg südlich Hohenfels über fast 1 km mit denen bei Betteldorf miteinander korreliert werden, vermutlich noch weiter bis zum Eselsberg wo fast identische Basisschichten ebenfalls das Devon direkt überlagern (Abb. 80). In den Gruben sind also die Flanken eines riesigen Vulkans aufgeschlossen, möglicherweise eines Maars. Vielleicht begannen die Eruptionen zunächst entlang einer langen Spalte. Im Spätstadium haben sich in allen drei Gruben lokale Schlackenkegelzentren über den Kugellapillilagen entwickelt. Auch weltweit sind Ablagerungen aus kugeligen Lapilli verbreitet (Abb. 34). Sowohl in der Westeifel wie in der Osteifel sind Kugellapilliablagerungen für SiO_2-untersättigte CO_2-reiche Magmen typisch, Hinweis auf den Einfluss des CO_2 bei der Fragmentierung.

Wie entstehen Kugellapilliablagerungen? Der Herchenberg ist ein klassisches Beispiel. Kugellapilli treten häufig in einem Stadium der Entwicklung eines Vulkans auf, wenn eine phreatomagmatische (also Maar-) Phase (Abb. 29) in eine Kugellapilliphase übergeht, die wiederum von einer Schlackenkegelphase überlagert wird. Auf eine Phase, in der das Magma – und das Nebengestein – durch Aufheizung von Grundwasser zerrissen werden, folgt eine, in der die Partikel nicht so heiß abgelagert wurden, dass sie miteinander verschweißen. Außerdem konnte das Magma nicht ausreichend entgasen und durch Platzen der Blasen in Fetzen zerrissen werden. Vermutlich sind die Kugellapilli unter Bedingungen entstanden, bei denen zwar noch Grundwasser/dampf vorhanden war, aber den Charakter der Eruption nicht bestimmte. Das kann ein kurzes Übergangsstadium zwischen einer Maarphase und einer Schlackenkegelphase sein – in manchen Vulkanen war es das Hauptstadium. In der Westeifel sind es oft die CO_2-reichen Magmen, aus denen Lapillikegel entstehen, und solche, die viele Brocken von devonischem Kalkstein enthalten. Möglicherweise wude das Magma hauptsächlich durch CO_2 fragmentiert.

[Abb. 57] Kugellapillus, der aus mehreren rundlichen, dichten und miteinander verschweißten Lapilli zusammengesetzt ist. Marteles Maar (Gran Canaria).

[Abb. 59] Geschichtete Lagen des Lapillikegels Betteldorf (östlich des Feuerbergs) überlagert von rötlichen, jüngeren, grobkörnigeren heiß abgelagerten Schlacken (1). Die dunklen Lagen ca. 3 m über dem Boden im Oberteil der Tephraschichten (2) enthalten höhere Anteile an blasigen Lapilli. Das unregelmäßige 50 cm mächtige Schichtpaket direkt über dem Kopf der Person (3) besteht aus verwitterten Tuffen, z.T. mit Bodenbildung und Pflanzenspuren, Hinweis auf Vulkaneruptionen während einer Warmzeit. WEVF.

[Abb. 58] Detail einer Kugellapillilage (Betteldorf). Die hellen Partikel sind Stücke von devonischem Kalkstein aus dem Untergrund, die hellen Flecken Karbonatausfällungen. Gemarkung Auf dem Büschelchen. WEVF.

[Abb. 60] Querschnitt durch den komplex aufgebauten Schlackenkegel Eppelsberg bei Nickenich mit einer lehrbuchmäßigen Kraterdiskordanz, entlang der der ältere Teil des Vulkans in den Kraterbereich der nächsten Schlackenkegelphase absank. Die älteren geschichteten dunklen Lapilliablagerungen (1) werden von folgenden Schichtpaketen überlagert: 2: Boden, 3: phreatomagmatisch entstandene Tephra; 4: Hauptschlackenkegelphase; 5: bunte Lapillischichten (gemischt pyroklastisch-hydroklastisch entstanden); 6: oberer Bodenhorizont mit Baumstammabdrücken; 7: feingeschichtete hydroklastische Schichten; 8: mächtige grobe phreatomagmatische Schichten, beim Einbruch des großen jüngeren Kraters entstanden; 9: untere schwarze Lapillilage. (Abb. 61). EEVF.

Die heiße Hauptphase: die Schlackenkegel

SCHLACKENKEGEL, DIE HÄUFIGSTEN Vulkane auf der Erde, bestehen aus einem *Wall, einem Krater und den Außenflanken* (Abb. 38, 55, 60–67). Sie entstehen dann, wenn sehr heißes und dünnflüssiges basaltisches Magma aus Spalten oder rundlichen Schloten in Fetzen ausgeworfen wird (Abb. 68). In der direkten Umgebung des Schlots werden die noch heißen Lavafetzen zu einem kompakten Gestein verschweißt, den *Schweißschlacken oder Agglutinaten* (Abb. 69–73). In diesen festen, aber meist noch porösen verschweißten Gesteinen kann man einzelne, oft meterlange Lavafetzen voneinander unterscheiden. Derartige kompakte Gesteine werden oft als *Lavaseen* fehlinterpretiert. In größerer Entfernung vom Schlot baut sich ein Ringwall aus häufig länglichen bis rundlichen Schlackenfetzen auf, den eigentlichen *Bomben*, die eingebettet sind in Bombenbruchstücke oder kleinere blasige Partikel (Abb. 66, 67). Größere Bruchstücke von Bomben sind in eckige Lapilli eingebettet, die im äußeren Teil eines Kegels überwiegen. Der Außenmantel besteht häufig aus kleinen Lapilli oder Bombenbruchstücken, die im Spätstadium der Eruption am steilen Vulkanhang abgerutscht sind und sich am Vulkanfuß angehäuft haben. Im Allgemeinen sind die Ablagerungen des eigentlichen Kegels nur schwach geschichtet und grobkörnig; feinkörniges Material (Asche) fehlt weitgehend. In der Steinindustrie der Eifel wird der Begriff *Lava* für diese Ablagerungen verwendet.

Der Kraterbereich der basaltischen Vulkanbauten wird durchzogen von Gängen, die in seltenen Fällen auch direkt mit Lavaströmen verbunden sein können, die häufig erst im Spätstadium eines Schlackenkegels ausbrechen und Teile des Schlackenkegels huckepack mit sich transportieren wie der Niedermendiger Lavastrom.

[Abb. 61] Eine helle Ablagerung, die eine ältere Vulkanphase (1) von der Hauptschlackenphase trennt, besteht aus einem Bodenhorizont (untere Hälfte (2)) mit vielen Blattabdrücken und Ast/Wurzellöchern sowie einer oberen Hälfte, die eine erneute vulkanische (Maar-)Phase (3) darstellt. Nach der Ablagerung von Ablagerungen 2 und 3 brach der Krater ein (Abb. 62). Eppelsberg. EEVF.

[Abb. 62] Die Haupt-Schlackenkegelphase (4) sank entlang von treppenartigen Verwerfungen in das links vom Bild gelegene Kraterzentrum ein, wobei die stärksten Absenkungen zu Beginn des Schlackenkegels stattfanden und vor dem Ende des Wachstums des Schlackenkegels aufhörten. Eppelsberg. EEVF.

[Abb. 63] In einer dritten Phase entstanden stark geschichtete, z. T. bunte (viele Stücke von tertiärem Ton) Lapillischichten (5), die von einem weiteren Bodenhorizont abgeschlossen werden (6). Eppelsberg. EEVF.

[Abb. 64] Während einer zweiten vulkanischen Ruhepause bildete sich ein gut entwickelter Bodenhorizont, der dicht mit Bäumen bewachsen war (6). Die senkrechten Röhren stellen die Hohlformen der herausgewitterten Bäume dar. Dieser Wald wurde von feuchten Aschen eines nahe gelegenen Maars eingedeckt (graue feingeschichtete Tuffe [7]), die wiederum von schlecht sortierten groben Schichten überlagert werden, die viele Hohlräume von horizontal eingeregelten Bäumen enthalten. Die jüngeren Deckschichten liegen an der Ostflanke ungefähr konkordant auf den Schichten 4–8 (Details in Abb. 65, 95, 95a, 95b). Eppelsberg. EEVF.

[Abb. 65] Die 2009 freigelegte westliche Aufschlusswand am Eppelsberg erlaubt es, die grosse Diskordanz (Abb. 95) (eckig gestrichelte Linie) schlüssig zu erklären. Sie repräsentiert offensichtlich die östliche Kraterwand eines großen Maarkraters im Westen, der bei der Eruption der grobkörnigen, grob geschichteten bis massigen phreatomagmatischen Ablagerungen (8) im Hangenden der Einheit 7 (Abb. 64) entstand und bisher nicht zugänglich war. Während des Einbruchs (rund gestrichelte Linien) und z. T. danach (Pfeil an der erodierten Oberkante) wurden auch die Außenwälle des Kraters durch in den neuen Krater einfallende Verwerfungen versetzt, z. T. mit Grabenbildung (G). Eindrucksvoll ist der am Ende der Schlackenkegelphase 4 (Abb. 60, 62) eingedrungene Gang, der die typische Aufspaltung in zwei „Seitenwände" kurz unterhalb der Erdoberfläche zeigt. Heiße Gase aus dem Gangbereich haben überlagernde Lapillischichten oxidiert und schwarz gefärbt (O).

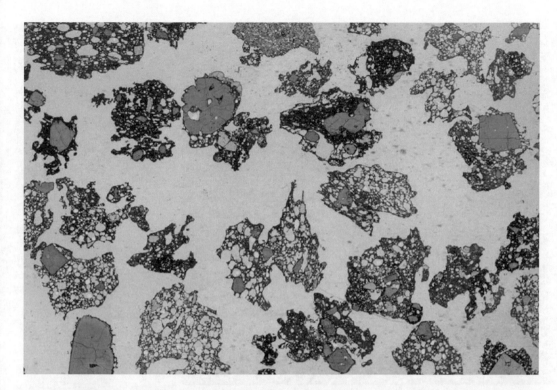

[Abb. 66] Mikroskopisches Photo von basanitischen Lapilli. Im inneren der blasigen Partikel sind größere braune Kristalle (Pyroxen) zu erkennen. Bildbreite 8 mm.

[Abb. 67] Nahaufnahme von einer typischen Wallablagerung eines Schlackenkegels, die aus Bomben, Bombenfragmenten und kleinblasigen Lapilli besteht. Rothenberg Schlackenkegel. EEVF.

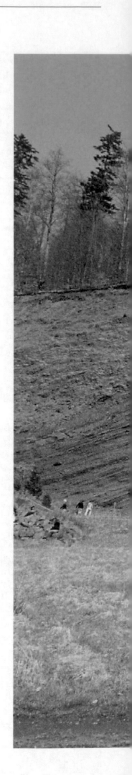

[Abb. 68] Eruption von Lavafetzen aus dem Mauna Ulu Krater (Kilauea Vulkan, Hawaii). Beim Auftreffen auf den Boden werden die Fetzen stark miteinander verschweißt und bilden Agglutinate.

[Abb. 69] Übergang von teilverschweißten Lavafetzen (unten rechts) zu extrem verschweißten Lavafetzen (Agglutinat, dichtes hellgraues Gestein). Wartgesberg bei Strohn. WEVF.

[Abb. 70] Nach links einfallend grob geschichtete und grobkörnige, z. T. phreatomagmatische Lapilliablagerungen (1) eines
Lapillikegels überlagert durch eine dichte, flach nach rechts
einfallende Kraterfüllung aus stark verschweißten Schlacken
(Agglutinate) (3) (kein Lavasee!). Der alte Krater des Tephrakegels
wurde vorher von abgerutschten Lapilli und Fallouttuffen (2)
überlagert (durchgehende, zum Kraterzentrum mächtiger werden-
de Schichten). Das Förderzentrum der Agglutinate lag rechts im
Bild, da die Lavafetzen nach links hin schwächer verschweißt und
als einzelne Fetzen zu erkennen sind. Rockeskyller Kopf. WEVF.

[Abb. 71] Überlagerung von stark verschweißten Agglutinaten (graue massige
Basalte) (1) (links unten) durch geschichtete Tuffe (2) und einen schüsselförmigen
Lavastrom (3) , der sich der Kratermor-
phologie angepasst hat. Feuerberg. WEVF.

[Abb. 72] Wartgesberg „Lavabombe" in Strohn, die aus verweißten, leicht blasigen Lavafetzen besteht (Agglutinat). WEVF.

[Abb. 73] Etwa 2 m lange verschweißte Lavafetzen aus dem Zentralbereich eines Kraters. Schlackenkegel Eiterköpfe zwischen Plaidt und Ochtendung. EEVF.

Gänge

[Abb. 74] Fördergang der zweiten, heißen explosiven Phase am Ringseitert. Der Gang durchschlägt die gesteinsfragmentreichen phreatomagmatisch (kühl) entstanden unteren Lapilli-schichten einer früheren Phase. Deutlich zu erkennen sind die knapp 10 cm breiten hellgrauen schnell abge-schreckten seitlichen Zonen am Gang, die schon mit den seitlichen Ablagerungen verschweißten als in der Mitte der Spalte noch Magma nach oben stieg. WEVF.

NICHTS FESSELT DIE Aufmerksamkeit von Besuchern – Laien und Geologen glei-chermaßen – mehr beim Besuch eines Schla-ckenkegels als drei unterschiedliche Struk-turen, welche die Dynamik eines Vulkans ganz unmittelbar ausdrücken: *Gänge, Verwerfungen* und *Diskordanzen*. Spontan fühlt man: hier liegt ein plötzliches Ereignis vor, dessen Ent-stehung viel leichter zu verstehen ist als die der Schichten aus Lapilli, eher spröde Themen für Laien.

Beginnen wir mit den Gängen (Abb. 65, 74–79). Aus größeren Erdtiefen aufsteigendes Magma, sei es aus Magmakammern oder direkt von der Basis der Erdkruste, wo sich aus dem Erdmantel aufgestiegene Magmen oft sammeln (in der Eifel ca. 30 km), bahnt sich seinen Weg durch die Erdkruste entlang von Rissen oder Schwächezonen. Diese werden durch den Auf-trieb des Magmas erst aufgedrückt, denn of-fene Spalten gibt es nicht in der Erdkruste – sie würden sich durch den Gebirgsdruck schnell schließen. Wenn das Magma in diesen Spal-ten erkaltet, bilden sich plattenförmige Gänge. Gänge in Vulkanbauten sind natürlich das letzte Stadium beim Wachsen eines Vulkans. Wenn sozusagen bei der Geburt eines Vulkans die erste Gesteinsschmelze an der Erdoberflä-che erscheint, wird sie normalerweise explo-siv herausgeschleudert, wie oben beschrieben. Diese allerersten Gänge kann man nur dann erkennen, wenn ein Vulkan über Jahrmillionen erodiert worden ist, wie etwa in der Hocheifel oder im Westerwald.

Dass der Niedermendiger Lavastrom im Wingertsberg ausgebrochen war, ist seit vie-len Jahrzehnten unumstritten. Aber erst 2006 habe ich den eigentlichen Gang entdeckt. Bei in die Tiefe fortschreitendem Abbau im Win-gertsberg trat unter einer bis maximal 1 m mächtigen Zwischenschicht aus Löss und Tuf-fen die unregelmäßige Oberfläche des unteren Niedermendiger Lavastroms zutage. An einem nebligen Sonntagmorgen, als ich wie alle paar Monate alte und neue Aufschlüsse überprüfte – immer auf der Suche nach neuen Funden und Einsichten –, zog ich das große Los. Ge-genüber vom Feldweg zwischen Mendig und der Wingertsbergwand war ein Gang sichtbar, der den unteren Lavastrom durchschlägt und nahtlos in den oberen Niedermendiger Lava-strom übergeht (Abb. 76). Auch bei näherer Inspektion nach einem mühsamen Weg über riesige Lavablöcke entpuppte sich der Gang als Prachtexemplar: die Ränder waren, wie es sich gehört, glasig, d. h. schnell abgekühlt (Abb. 77, 78). Nebengesteine, also der ältere Lavastrom und seine Topschlacken, waren rot oxidiert, bedingt durch die Wärme des vermutlich über 1000° C heißen Gangs. Nur wenige Vulkanolo-gen haben je irgendwo auf der Erde die direkte Verbindung eines Fördergangs mit dem dazu-gehörigen Lavastrom zu Gesicht bekommen.

[Abb. 75] (rechte Seite) Etwa 1,5 m breiter, sich nach oben verjüngender basaltischer (melilithnephelini-tischer) Fördergang, Teil eines Gangsystems, das radial zum Eruptionszentrum des nordwestlichen älteren Kegels im Herchenbergvulkan verläuft. Auf beiden Seiten des Ganges sind die braunen, gut geschichteten Lapillilagen, die auf die tonflatschen-reiche erste Phase folgen, durch die Wärme der Lava verschweißt. Der Gang endet in den schwarzen, pyroklastisch geförderten Lapillilagen am Top. Her-chenberg bei Burgbrohl. EEVF.

[Abb. 76] Fördergang des Niedermendiger Lavastroms, seltenes Beispiel für
die Verbindung eines Ganges mit dem
dazugehörigen Lavastrom. Der Gang hat
den unteren Lavastrom mit seinen
Topschlacken sowie die dünnen Sedimente, die beide Ströme voneinander
trennen, durchschlagen. Durch die hohe
Temperatur des Ganges wurden die
Gesteine auf beiden Seiten aufgeheizt
(gefrittet) (Rotfärbung). Wingertsberg bei
Mendig. EEVF.

[Abb. 77] Randbereich des Förderganges des Niedermendiger Lavastroms (Abb. 76). Entlang der Kontaktzone zwischen dem dunklen Gang (links) und dem durch die heiße Lava rot oxidierten Nebengestein des unteren Lavastroms sind kleine Seitengänge in das Nebengestein eingedrungen. Wingertsberg bei Mendig. EEVF.

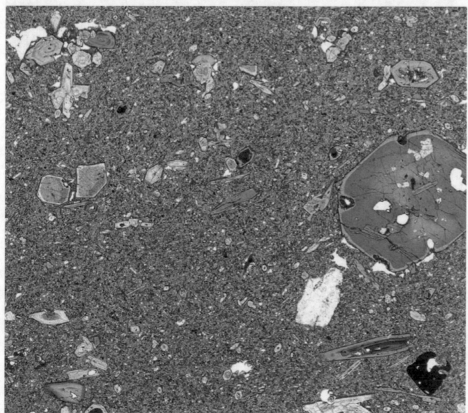

[Abb. 78] Mikroskopisches Dünnschliffbild der Niedermendiger Lava vom Rand des Fördergangs. Die eingedrungene Lava ist wegen der schnellen Abschreckung zu einer dichten braunen glasigen Grundmasse erstarrt. Darin schwimmen zwei miteinander verwachsene schwach braune (Rand rechts unten), zwei größere (linke Mitte) sowie zwei größere Klinopyroxene (links oben) mit grünen Kernen. Die deutlich braunen Kristalle mit hellen Rändern und z. T. dunklen Kernen sind Amphibole (Hornblenden), die kleine Einschlüsse von vorher kristallisierten Glimmern und Klinopyroxenen enthalten. Neben kleineren Kristallen der gleichen Mineralphasen treten auch Hauynkristalle in der glasigen Matrix auf, sind aber bei dieser Vergrößerung nicht zu erkennen. Bildbreite 3 cm. Wingertsberggang. EEVF.

Phonolithische Bimsfördergänge?

Im Vorgriff auf die spätere Diskussion der großen Bimsvulkane ein kurzer Kommentar zu den so genannten *phonolithischen Bimsgängen* als Förderkanäle für gewaltige Magmavolumina, die immer wieder in der wissenschaftlichen Literatur postuliert wurden, sei es am Herchenberg, Beller Lapilligrube oder im Bereich Obermendig. Am Herchenberg haben wir im Einzelnen nachgewiesen, daß dies keine Fördergänge für große Bimseruptionen des Laacher See-Vulkans sein konnten (3). Beim Kontakt eines aufsteigenden, ganz kleinen Volumens phonolithischen Magmas mit Grundwasser – vermutlich in den von Ton überdeckten tertiären Konglomeraten – entstand das kleine phonolithische Dümpelmaar vor etwa 110 000 Jahren. Die von unten in dem älteren Herchenbergvulkangebäude aufgedrückten Spalten wurden mit einer wasserdampfreichen Mischung von wenigen abgeschreckten dichten Bimslapilli aber überwiegend devonischen Nebengesteinsstückchen und Kieseln gefüllt. Bei den anderen erwähnten Vorkommen ist eine Füllung von tektonischen bzw. vulkanotektonischen Spalten *von oben* wahrscheinlich, die bei Mendig vermutlich mit der Bildung des Grabens im Zusammenhang stehen, dessen bisher unbekannter südwestlicher Rand möglicherweise im Bereich Obermendig liegt, während sich der nordöstliche Rand klar durch den Wingertsberg zieht und mindestens bis zum Schwimmbad in Mendig reicht, wie in Kapitel 5 ausführlich beschrieben und illustriert.

[Abb. 79] Basaltischer Gang, der sich nach oben zu einer 10 m breiten Intrusion ausweitet. Eiterköpfe. EEVF

Verwerfungen

NICHT IN ALLEN Schlackenkegeln bekommt man einen Gang zu sehen. Gut ausgebildete Gänge aus der Spätphase eines Schlackenkegels sind eigentlich selten in Eifelvulkanen. Aber praktisch jeder Schlacken(lapilli)kegel – oder jedes Maar – zeigt an irgendeiner Stelle Verwerfungen, entlang denen Schichten gegeneinander versetzt sind. Das einfachste Beispiel und auch für Laien unmittelbar nachvollziehbar, ist die stufenweise Absenkung eines Kraterwalls in das Innere eines Vulkans. Einmalig anschaulich waren derartige Kraterwallstufen am Eppelsberg aufgeschlossen (Abb. 60, 62). In manchen Vulkanen fallen vor allem steile Versätze wie beim Eselsberg ins Auge (Abb. 80). Aufbeulungen und grabenartige Einbrüche und komplizierte Aufschiebungen und Abschiebungen an Kraterrändern können in vielen Vulkangebäuden beobachtet werden (Abb. 81, 82). Viele Verwerfungen entstehen nicht nur durch Kratereinbrüche sondern durch Aufbeulungen von unten. Wenn größere Mengen Magma in den Unterbau eines Vulkans eindringen, können sie ältere Teile des Vulkangebäudes hochheben und als Intrusionen im Unterbau stecken bleiben (Abb. 79). Darüber hinaus können Teile von Vulkanen auch entlang von regionalen tektonischen Verwerfungen versetzt werden. Vulkane entstehen generell häufig entlang regionaler Störungen, weil das Magma natürlich vorgefundene Schwächezonen zum Aufstieg benutzt. Bewegungen entlang regionaler Störungszonen können auch unmittelbar den Aufstieg eines Magmas auslösen, wie klassisch in früheren Aufschlüssen am Karmelenberg nachweisbar.

[Abb. 80] Steile Verwerfung mit ca. 1,8 m Versatzbetrag am Eselsberg bei Dockweiler. WEVF. Die unteren Schichten rechts überlagern Devon und sind vermutlich gleich alt wie die Basisschichten am Feuerberg und bei Betteldorf (Abb. 59).

Diskordanzen

DISKORDANZEN MARKIEREN ABRUPTE Wechsel in Gesteinspaketen, die eine Pause oder ein einschneidendes Ereignis widerspiegeln. Die Unterbrechung in der Ablagerungsgeschichte kann durch Erosion (*Erosionsdiskordanz*), tektonische Verschiebung (*tektonische Diskordanz*) oder Verlagerung oder Einbruch eines Kraters verursacht worden sein (*Kraterdiskordanz*). Mit anderen Worten, ein Teil eines Vulkans sackt ein und neue Schichten lagern sich mit unterschiedlicher Richtung über die Abrutschfläche, wobei der Zeitraum zwischen beiden Gesteinspaketen unterschiedlich lang sein kann. In tief aufgeschlossenen Schlackenkegeln kann auch die äußere Kraterwand aus älteren Ablagerungen aufgeschlossen sein wie am Rothenberg (Abb. 83). Besonders häufig sind Diskordanzen zwischen Phasen unterschiedlicher Entwicklungsstadien eines Vulkans, etwa der Wechsel zwischen einer frühen phreatomagmatischen und einer späteren pyroklastischen heißen Phase, ein häufiges Entwicklungsmuster in Vulkanen, nicht nur in der Eifel (Abb. 84).

Lavaströme

SCHLACKENKEGEL UND LAPILLIKEGEL haben meist einen Durchmesser von wenigen Hundert Metern. Lavaströme dagegen können viele km lang sein. Die meisten Lavaströme in der Eifel sind weniger als 2 km lang und nicht alle Vulkane haben Lavaströme gefördert. Bekannte oder besonders lange Lavaströme sind in der Westeifel Hohenfels, Wartgesberg, Üdersdorf, Sarresdorf und Kalem, in der Osteifel Ettringer Bellerberg, Hochsimmer, Hochstein, Veitskopf, Karmelenberg, Bausenberg und

[Abb. 81] Horst- (herausgehobene Blöcke) und Grabentektonik (abgesenkte Blöcke) in der zentralen Lapillikegelphase des Feuerbergs. Die Lapillikegelschichten werden unter- und überlagert von Schlackenkegelphasen. WEVF.

[Abb. 82] Komplexe Krater-randstörung Lapillikegel Betteldorf. Die Schichten sind während einer späteren Phase nach rechts in einen Krater abgesunken. Möglicherweise liegt hier auch eine regionale Störung vor. WEVF.

[Abb. 83] Freigelegte Krater-wand des in diesem Teil bereits abgebauten Rothen-berg Schlackenkegels (Bell). Die hellen, nahezu senk-rechten Kraterwände, die zu Anfang der Eruption eingebro-chen sein müssen, bestehen aus geschichteten, älteren Wehrer und Riedener Tuffen und werden bedeckt von nach rechts einfallenden schwarzen Schlacken. EEVF.

der Niedermendiger Lavastrom (Abb. 4, 6,7, 39–45, 76–78, 85–88). Lavaströme passen sich den Oberflächenformen einer Landschaft an und zeigen uns daher den Verlauf alter Täler.

Basaltische Lavaströme bestehen aus zwei Hauptzonen: Die unteren, relativ breiten, 1 bis 2 m mächtigen Säulen umfassen etwa das untere Drittel eines Stroms. Sie werden überlagert von sehr viel kleineren Säulen (meist unter 1 bzw. 0,5 m Durchmesser), die in ihrem Oberteil oft in kleine fächerförmige Säulen übergehen und einen unregelmäßigen Übergang zu den Oberflächenschlacken zeigen. Diese Gliederung lässt sich durch unterschiedliche Abkühlungsprozesse plausibel erklären. Säulen in abkühlenden Lavaströmen bilden sich dadurch, dass Risse senkrecht zur Ebene maximaler Zugspannung einreißen, die im Idealfall parallel zu den Ebenen gleicher Temperatur (den *Isothermen*) verlaufen. Die Abkühlung und damit Säulenbildung wandert von unten nach oben und von oben nach unten in das zunächst noch flüssige Innere eines Lavastroms. Da die Wärme im unteren Teil im Wesentlichen durch Wärmeleitung in das unterlagernde Gestein abgeführt wird – ein sehr langsamer Vorgang –, ist die Abkühlungsrate gering, es können sich breite Säulen bilden. Im Oberteil dagegen verläuft die Abkühlung durch Wärmeabstrahlung und ständige konvektive Wärmeabfuhr durch Luft, lokal auch Wasser, sehr viel schneller; die Säulen sind dünner, und bei unregelmäßigem Terrain, Niederschlägen oder schneller Bedeckung durch das Wasser eines angestauten Flusses können sie auch sehr unregelmäßig ausfallen.

An der Oberfläche eines zähflüssigen Lavastroms wie bei der Niedermendiger Lava bricht die starre Kruste, die bei der schnellen Abkühlung entsteht, in kleinere Brocken, die man auch *Schlacken* nennt. Derartige Schlacken können an der Front eines sich langsam bewegenden Lavastroms auf den Boden fallen und werden von der Lava überrollt (Abb. 88). Dies sind die so genannten *Basisschlacken*. Diese sind lehrbuchmäßig beim Niedermendiger Lavastroms aufgeschlossen. Nicht immer kann man zwischen diesen beim Fließen und

[Abb. 86] Schema des Niedermendiger Lavastroms und der überlagernden Löss- und Bimsschichten des Laacher See Vulkans sowie der durch den Mühlsteinabbau geschaffenen unterirdischen Gewölbe, in dem die oberste Partie des Lavastroms als tragende Decke stehen blieb (13).

[Abb. 84] Grob geschichtete, phreatomagmatische Basisschichten des Ringseitert (links) (Phase a) wurden nach vulkanotektonischen Störungen (nicht im Bild) von komplexen Deckschichten einschließlich einer phonolithischen Tephra überlagert (Phase b). Eine in den Wald einfallende, viel jüngere Kraterdiskordanz (gepunktet) wird von locker bis stark verschweißten Schlacken (Phase c) überlagert, die rechts im Bild (1) in dichte Agglutinate übergehen. Der Fördergang dieser Phase durchschlägt die älteren Schichten (Abb. 74, links von der Baggerschaufel) und läuft in unregelmäßigen Gangresten oberhalb der Diskordanz aus (2). WEVF.

[Abb. 85] Aufgelassener Steinbruch Michels im Nordostteil des Niedermendiger Grubenfeldes. In der Mitte der Steinbruchsohle ein alter Kran, der dem Transport von Basaltblöcken diente. EEVF.

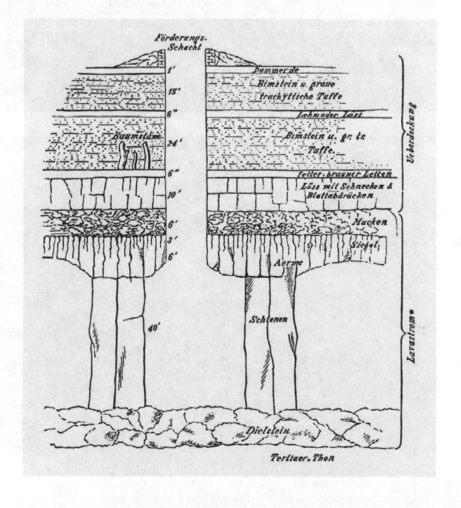

[Abb. 87] Niedermendiger Lavastrom überlagert von gelbem Löss (L) und heller LST. Rechts gut zu erkennen mächtige untere und dünnere obere Säulen (Grube Mendiger Basalt). Detail der Basis in Abb. 88. EEVF.

[Abb. 88] Niedermendiger Lavastrom Grube Mendiger Basalt. Der Lavastrom überlagert hier eine dünne Schicht Sedimente, die den ebenfalls aufgeschlossenen basanitischen unteren Lavastrom überlagern. Mächtige Schlacken an der Basis und am Top vom Niedermendiger Lavastrom. EEVF.

Zerbrechen eines Lavastroms entstandenen Schlacken und Teilen des eigentlichen Schlackenkegels, der Huckepack auf einem Lavastrom mittransportiert wird, unterscheiden. Im alten Steinbruch Michels waren derartige mittransportierte Schlackenpakete sehr anschaulich aufgeschlossen.

Für die Steinindustrie besonders wichtig ist die Menge der Blasen, die sich in einem Lavastrom beim Fließen durch Freiwerden magmatischer Gase bilden und in der zähen Masse nicht aus der Lava entweichen können. Wenn eine Basaltlava viele Blasen enthält und bei der Abkühlung auch ausreichend Kristalle gewachsen sind, kann das Gestein mit Erfolg gesägt und von Steinmetzen gut bearbeitet werden, ohne dass es zerspringt (Abb. 90). Die beiden berühmtesten Lavaströme, deren Gestein seit Jahrtausenden zur Herstellung von Werkzeugen, Mühlsteinen, Bausteinen, Platten und als Rohmaterial für Bildhauer verwendet

wird, sind die des Ettringer Bellerberg und des Wingertsberg (Niedermendiger Lavastrom). Sie enthalten viele unregelmäßige Blasenhohlräume und lassen sich daher relativ leicht sägen und mit dem Meißel bearbeiten. Außerdem sind sie gut auskristallisiert und springen daher nicht so leicht in Scherben ab, wie die schnell abgekühlten, glasigeren, dichten Basalte. Dichte Lavaströme wie der des Hochsimmer (An der Ahl, Abb. 43, 44), werden vorwiegend zu Straßenschotter oder, in größeren Blöcken, für Uferbefestigungen verwendet (Abb. 91).

Der Niedermendiger Lavastrom ist einer der wenigen Lavaströme auf der Erde, der überwiegend unter Tage aufgeschlossen ist (Abb. 4, 6, 7). Er stellt in doppeltem Sinn die natürliche und wirtschaftliche Grundlage des Ortes dar, denn er ist fast vollständig von der Stadt Mendig überdeckt. Der Lavastrom ist in größeren Gruben, heutzutage insbesondere in den Brüchen der Fa. Mendiger Basalt aufgeschlossen.

[Abb. 89] Etwa 200 m hohe Lavafontäne des Mauna Ulu (Kilauea Vulkan, Hawaii). Die herausschießende Lava wird in der Fontäne in Fetzen zerrissen. Diese bleiben aber noch so heiß und dünnflüssig, dass sie am Boden wieder zu einem schnellen Lavastrom verschweißen.

Der von vielen Exkursionen besuchte und seit Jahrzehnten stillgelegte Steinbruch Michels ist der bekannteste und auch heute noch sehenswerte Aufschluss (Abb. 85).

Um die beiden großen Eingänge zu dem unterirdischen Tunnel im Steinbruch Michels herum kann man besonders anschaulich den kompliziert aufgebauten oberen Teil des Lavastroms studieren. Er besteht hier aus dicht verschweißten, steilen bis vertikalen Zungen, die aus linsigen, schlackigen, ebenfalls steil einfallenden Bereichen von 10 bis 30 cm Durchmesser bestehen, die von dichterer Lava durchzogen sind. Lokal liegt auf diesem aus verschweißten Fließschlacken bestehenden Oberteil eine weitere Lavazunge. Der Lavastrom ist also im Prinzip aus mehreren Schüben entstanden, die man nur bei genauer Beobachtung voneinander unterscheiden kann, weil die Oberflächenschlacken einer Lavazunge durch die darüber liegende wieder stark ver-

[Abb. 90] Steinkreuz am Gipfel des Korretsberg Schlackenkegels. EEVF.

schweißt wurden. Viele Lavaströme entstehen nicht durch mehr oder weniger langsames Ausfließen aus einem Schlot, sondern aus Lavafontänen, in denen das Magma bereits zum Teil entgasen kann (Abb. 89).

Zeitzeugen in den Kratermulden

IN HISTORISCHER ZEIT beobachtete Schlackenkegel bilden sich über viele Monate, Jahre manchmal Jahrzehnte, sie brauchen also viel länger als gewaltige explosive Ausbrüche wie die des Laacher See-Vulkans. Am Ende ihrer Tätigkeit bleibt im Inneren eines Kegels gewöhnlich eine Kratermulde. Die Füllungen dieser Kratermulden, über Zehntausende bis Hunderttausende von Jahren angesammelt, sind ein Glücksfall für die Erforschung sowohl der fortdauernden vulkanischen Tätigkeit in anderen Vulkanen der Eifel wie für eine einzigartige Rekonstruktion der Klimageschichte und der Entwicklung der Tierwelt – und des Menschen. Besonders häufig in den Kratermulden der Eifel sind gelbliche, feinkörnige, *Löss* genannte massige Sedimente, ein Windsediment, das während einer Eiszeit entsteht (Abb. 92–95). Denn innerhalb der letzten knapp 700 000 Jahre, also zeitgleich mit der Entwicklung des jungen Vulkanismus in der Eifel, haben sich immer wieder – an den Polen und auf den Gebirgen – große Eismassen entwickelt und sich ins Vorland geschoben, dabei mehrfach von Skandinavien bis in den Norden von Mitteleuropa. Beim Abschmelzen einer Eisdecke blieben jedes Mal große Mengen abgeschabten Gesteinspulvers zurück, das von Winden aufgenommen und im Umland als Lössdecke wieder abgelagert und insbesondere in den Kratermulden der Schlackenkegel von der weiteren Abtragung geschützt wurde. Oft sind die Lössablagerungen auch schmutzig grau, weil sie in den Mulden umgelagert und mit Tephra vermischt wurden.

Ebenfalls häufig sind randlich in die Krater gerutschte Schlacken von den oberen Hängen. Besonders wichtig für unsere Kenntnis der zeitlichen Entwicklung des Vulkanismus sind *Tephralagen*. Dies sind meist schwarze, nur schwach geschichtete, aber meist gut sortierte, weit verbreitete Lagen aus hochblasigen Lavastückchen, *Lapilli*, deren Durchmesser von wenigen Millimetern bis etwa 6 cm reicht (Abb. 66). Sie entstehen dann, wenn Magma tiefer im Schlot durch Entgasung in kleine Partikel zerrissen und in Eruptionssäulen hoch in die Atmosphäre steigt und daher vom Wind weiter transportiert werden kann. Dies geschieht meistens gegen Ende einer Eruption. Alle diese Schichten können durch Bodenbildung während einer Warmzeit, die mit den Kaltzeiten abwechselten, überprägt werden. Auch dem prähistorischen Menschen im Neuwieder Becken haben sie als Lagerplatz gedient (8).

[Abb. 91] Lavablöcke, die für Uferbefestigungen verwendet werden. An der Ahl. EEVF.

[Abb. 92] Untere Laacher See Tephra (LLST) über gelbem Löss der letzten Kaltzeit. Die Britzbank, die den Unterbims vom Oberbims trennt, ist hier weniger als 10 cm mächtig. Karmelenberg bei Ochtendung. EEVF.

[Abb. 93] Mulde zwischen zwei Schlackenkegeln der Wannengruppe bei Ochtendung. Die Mulde (Flanke) des unteren schwarzen Schlackenkegels (1) wurde bald nach der Bildung – und nach kurzer Unterbrechung durch eine dünne schwarze basaltische Lapillilage - von bei Magma-Wasserkontakt entstandenen gelblichen, etwa 6 m mächtigen Tephraschichten (2) überlagert. Den Abschluss der basaltischen Tätigkeit bilden eine untere schwarze Lapillifalloutlage und ca. 2 m mächtige basaltische Schlacken und Lapilli (3), die beide nach links stark ausdünnen, weil sie aus einem Krater rechts außerhalb des Bildes gefördert wurden (Abb. 72). Auf die basaltischen vulkanischen Schichten folgt gelber Löss (4), der im Zentrum der Kratermulde am mächtigsten ist, sowie am Top die hellen LST, zweigeteilt durch die Hauptbritzbank (5). EEVF.

[Abb. 94] Fortsetzung von Abb. 93 nach rechts. Aus einem rechts gelegenen jüngeren Krater sind die beiden oberen schwarzen basaltischen Tephralagen bzw. Schlacken eruptiert worden. Die nach rechts einfallende Kraterrandstörung ist mehrfach nach oben und unten bewegt worden, war jedoch abgeschlossen am Ende des Auswurfs der oberen Schlacken. EEVF.

[Abb. 95] Nach links einfallende scharfe Diskordanz-
fläche – Kraterrand eines westlich gelegenen großen
jüngeren Maars – trennt den Hauptteil des komplex
aufgebauten Eppelsberg (ausführlich beschrieben in
Abb. 60–65) von kraterfüllenden jüngeren Deckschichten. Diese bestehen oberhalb von hellen
umgelagerten Sedimenten (s. Abb. 95a) in der
unteren Mulde aus einer Wechsellagerung von
schwarzen basaltischen Lapillischichten, einige am
Top gelblich verwittert (s. Abb. 95b) und z. T.
umgelagertem Löss. Die obersten grauen tephritischen (stärker differenzierten) Tephralagen (12)
werden von jungem Löss (Weichsel/Würm Eiszeit?)
überlagert sowie nahe der Oberfläche von LST. EEVF.

[Abb. 95a] Querschnitte durch Krater 2 entstanden
bei der phreatomagmatischen Eruption der mächtigen, grobkörnigen und gesteinsfragmentreichen
Schicht 8. Das untere ca. 12 m mächtige Schichtpaket wurde in 6 Phasen (a-f) relativ schnell abgelagert.
a: abgerutschte Randschollen; b: initiale Auskleidung
der Kraterwände mit geschichtetem Schutt; c: relativ
horizontale massige Schuttstromablagerungen, z.T.
verzahnt mit b; d: mittleres Paket mit massigen
Schuttstromablagerungen; e: untere eingekerbte und
verfüllte Erosionsrinnen; f: obere kleine V-förmige
gefüllte Erosionsrinnen. Beide Rinnensystem müssen
in dem länglichen Krater durch fließendes Wasser
eingeschnitten worden sein. Dieses untere Schichtpaket ist diskordant überlagert von wechselnden Lössablagerungen, Verwitterungshorizonten und Fallout
Tephra 9–12 in Abb. 95b im Detail gezeigt.

[Abb. 95b] Nahaufnahme der fünf prominenten Tephralagen in den Deckschichten. 9: untere basaltische Fallout Tephra. 10: Mittlere basaltische Fallouttephra. Lagen 9 und 10 stammen von entfernteren Vulkanen, evtl von den Eiterköpfen. 11: Obere basaltische Tephra wurde ausweislich ihrer grobkörnigen Schlacken von einem nahegelegenen Schlackenkegel eruptiert; 12: mächtige tephritische Tephraschicht ausweislich ihrer grobkörnigen, an devonischen Gesteinsbruchstücke reichen Basis in einem nahegelegenen Vulkan eruptiert; 13: obere basaltische Tehralage, nur lokal erhalten.

4. DIE ÄLTEREN EXPLOSIVEN VULKANKOMPLEXE

»Von den echt vulkanischen Erzeugnissen kennt man drey Arten: Feurig = flüssig ausgeflossene – ausgeworfene – und durch Wasserausbrüche herausgeschwemmte vulkanische Produkte. Erstere heißt man Laven – die zweyten vulkanisches Gerülle – die letzten vulkanischen Tuf.« F Reichetzer Anleitung zur Geognosie Wien 1821

© Springer-Verlag Berlin Heidelberg 2014
H.-U. Schmincke, *Vulkane der Eifel*, https://doi.org/10.1007/978-3-8274-2985-8_4

Rieden

NÖRDLICH DER BEIDEN aufragenden Vulkane Hochsimmer und Hochstein, westlich des Laacher Sees und südlich der B 412 Maria Laach–Kempenich, liegt der *Riedener Vulkankomplex*, dem man seinen vulkanischen Charakter auf den ersten Blick nicht ansieht (Abb. 96–100). Aber dem erfahrenen Landschaftsbeobachter zeigen die weichen Täler und Hänge, dass die Erde hier nicht aus harten Sandsteinen und Schiefern besteht, sondern aus weichem, porenreichem Material. Der östliche flache Außenhang des Riedener Vulkans zieht sich von Bell und dem Rothenberg bis zur bewaldeten Kraterrandumbiegung, die durch den Sendeturm am Gänsehals markiert ist, von dem aus man bei schönem Wetter den besten Überblick über das Vulkangebiet der Osteifel hat.

Der Riedener Vulkan ähnelt dem Laacher See-Vulkan in vieler Hinsicht. Aus einem sich mehrfach verlagernden Krater im Bereich der Ortschaft Rieden stiegen wiederholt Bims und Asche in großen Eruptionssäulen in die Atmosphäre. Ein Teil der Partikel wurde von Westwinden nach Osten geblasen und findet sich heute als Bimslage zwischen alten Rheinschottern und feinen eiszeitlichen Lösssedimenten auf den Terassenablagerungen des Rheins, so bei Ariendorf über Schottern, die weit über dem heutigen Bett des Rheins liegen oder in Vertiefungen wie bei der Kärlicher Tongrube (Abb. 98).

In den berühmten, in den letzten Jahren wieder verstärkt abgebauten Tuffsteinbrüchen von den Rodderhöfen zwischen Bell und Ettringen oder am östlichen Ortsausgang von Weibern kann man in die vulkanische Unterlage des von Feldern und Wald bedeckten Riedener Gebiets hineinsehen (Abb. 98–100). Es sind weiche Tuffe, wie man sie auch in den Tälern rings um den Laacher See findet, massige gelbe Gesteine, die bei Weibern feinkörnig, an den Rodderhöfen aber grobkörnig und

von Schieferstückchen durchsetzt sind – örtlich *Trass* genannte Ablagerungen von Glutlawinen, die wiederholt aus dem Riedener Vulkankessel ausflossen. Beim länger anhaltenden Kontakt mit dem Grundwasser sind aus dem einstmals weißen Bims neue gelbe Minerale, die *Zeolithe Analcim*, *Phillipsit* und *Chabasit* entstanden, durch die das früher lockere Gemenge von Bims und feinen Aschen zu einem noch leichten, aber kompakten und damit leicht bearbeitbaren Gestein verfestigt wurde. Dieses sind die so genannten *Weiberner und Ettringer Tuffsteine*, die heute wieder zunehmend als Werkstein Verwendung finden.

Auch wenn die Aschen und Bimse dieses älteren Vulkans außerhalb des Riedener Kessels und seiner unmittelbaren Umgebung weitgehend abgespült sind – zwischen der Eruptionszeit des Riedener Vulkans und heute wurde Europa von mehreren Eisvorstößen und Warmzeiten heimgesucht –, ist eine Rekonstruktion des Hergangs der Eruption deshalb wichtig, weil sie uns Aufschlüsse über eine mögliche Zukunftsentwicklung des Laacher See-Vulkans geben kann.

Ebenfalls während und noch vor und nach dieser zweiten Hauptphase entstanden im Riedener Gebiet und im weiteren Umland mehrere zähflüssige *phonolithische* Lavaströme und Kuppen, die hart sind und daher von der Erosion herauspräpariert wurden (Abb. 96), sowie eine Reihe von Schlackenkegeln, so im Norden die weitgehend abgebauten Kegel Leilenkopf

[Abb. 97] Geschliffene Platte vom Ettringer Tuff. Die hellgelben Partikel sind ehemalige, jetzt durch Zeolithminerale ersetzte Bimse (maximal 1 cm), die dunklen Gesteinsfragmente sind überwiegend Schiefer. Kreissparkasse Mendig.

[Abb. 96] Phonolithkuppe (Ruine Olbrück) bei Niederzissen. Diese aufgestiegenen Magmakörper gehören zur älteren Riedener Phase.

[Abb. 98] Aus dem Vulkankomplex Rieden wurden sowohl zahlreiche weit verbreitete Bimslapillilagen sowie Glutlawinen gefördert. In diesem Aufschluß aus der Tongrube Kärlich werden 450 000 Jahre alte schwarze Lapillilagen, die vom Alter und der chemischen Zusammensetzung dem Herchenberg entsprechen, von praktisch gleichalten Bimslapillilagen aus dem Riedener Vulkankomplex überlagert. Ein 0,8 m mächtiger, am Top verwitterter gelber Löss aus einer älteren Kaltzeit wird von den etwa 400 000 Jahre alten phreatomagmatischen Ablagerungen des örtlich geförderten sogenannten Brockentuffs überlagert. EEVF.

[Abb. 99] Durch Verfestigung (Zeolithisierung, d. h. Mineralneubildung beim Kontakt von vulkanischem Glas und Grundwasser) verfestigte Ignimbrite und Surgeablagerungen des ca. 400 000 Jahre alten Vulkans Rieden westlich des Laacher Sees. Hohe Ley bei Rieden. EEVF.

[Abb. 100] Mit Schrämm-Maschinen werden Blöcke des Weiberner Tuffs herausgesägt und in Verarbeitungsbetrieben zu Platten gesägt. Bei Weibern. EEVF.

und Herchenberg und im Süden die Vulkane Hochsimmer und Hochstein, aus denen mehrere Lavaströme flossen. An den großen, berühmten Lavaaufschlüssen an der Ahl kann man sehen, wie der in großen Kaskaden vom Hochsimmer zu Tale geflossene Lavastrom ein altes Bachbett der Nette ausfüllte, heute aber in ca. 340 m Höhe verläuft, 60 m über dem derzeitigen Flussbett der Nette (Abb. 41, 43, 44). Ob das Kempenicher Becken etwa 10 km westlich vom Laacher See ein noch älteres Zentrum von hochexplosiven Vulkanausbrüchen darstellt oder nicht ist wegen der schlechten Aufschlüsse unsicher.

Wehr

W ER DIE AUTOBAHN A 61 westlich des Laacher Sees nach Norden befährt, sieht im Süden, d. h. linker Hand, einen tiefen, fast kreisrunden Kessel von rund 2 km Durchmesser, in dessen Zentrum das Dorf Wehr liegt. Die Entstehung dieses Kessels ist komplex, aber vermutlich vor allem durch Einbruch im Gefolge der Eruption gewaltiger Massen von Asche und Bims zu erklären, dem so genannten Hüttenberg-Tuff (44). Die Bimslagen dieser riesigen, etwas über 200 000 Jahre alten Eruption finden sich unter vielen Schlackenkegeln, vom Rothenberg westlich des Laacher See-Gebietes bis in die Gegend um Ochtendung und Ariendorf am Rhein (7). Ursprünglich hat diese Aschendecke sicher noch viele 100 km weiter nach Osten gereicht. Die meisten Schlackenkegel im östlichen Laacher See-Gebiet sind also kurz nach dieser großen Eruption eruptiert, bevor der Bims abgespült wurde. Bruchstücke vom Wehrer Bims finden sich in den Deckschichten des Dachsbuschs, der von Ablagerungen eines jüngeren phonolithischen Vulkans (Glees Tephra) überlagert wird (Abb. 101).

[Abb. 101] Gut geschichtete, z. T. phreatomagmatische Schichten des basanitischen Dachsbuschvulkans (DV) bei Glees. HT: Fragmente der ca. 215 000 Jahre alten Hüttenberg Tephra. Die oberen basaltischen Lagen sind glazial hangabwärts gerutscht (Hakenschlagen). Mit einer deutlichen Erosionsdiskordanz werden die Schichten überlagert von Löss und der ca. 150 000 Jahre alten phreatomagmatisch entstandenen Glees Tephra (GT).

5. DER LAACHER SEE VULKAN

»Die Maare liegen einzeln. Der Laacher See dagegen ist ein centrum, dem viele Diener und Trabanten umherstehen. Das unterscheidet sie sehr. Aber ohne die Maare würde man des Sees wahre Natur so deutlich nicht einsehen.«

Leopold von Buch, Brief an J Steininger 1820 (41)

Wo brach der Laacher See-Vulkan aus?

IM LAUFE DES 19. Jahrhunderts hatte sich die Auffassung entwickelt, dass die riesigen Bimsmassen im Neuwieder Becken vermutlich aus dem Laacher See-Becken (Abb. 102) herausgeschossen worden waren. Kurz nach der Jahrhundertwende postulierten Reinhard Brauns von der Universität Bonn (er hatte grundlegende Arbeiten zur Mineralogie und Geochemie der Gesteine des Laacher See-Gebietes veröffentlicht) sowie sein Schüler Martius weitere Krater außerhalb des Laacher See-Beckens. Diese sollten insbesondere in der Umgebung von Mendig liegen, weil sie meinten, die riesigen Basaltblöcke hätten so weit nicht fliegen können (Abb. 103, 104). Auch nachdem Ahrens, der als Geologe des Preußischen Landesdienstes durch seine sorgfältigen Kartierungen in den 1920er Jahren die Grundlage für eine moderne vulkanologische Interpretation im Laacher See-Gebiet schuf (2), gewichtige Gegenargumente gebracht und den Laacher See wieder als einziges Eruptionszentrum begründet hatte, wurde die Auffassung von Brauns insbesondere durch Frechen (15) in neuerer Zeit weiter ausgebaut, obwohl es nie wirklich überzeugende Hinweise auf Eruptionszentren für die Bimsmassen außerhalb des Laacher See-Beckens etwa bei Obermendig oder gar bei Fraukirch gegeben hat und auch theoretisch nie etwas dafür sprach. Frechen nahm sogar an, dass der gesamte Unterbims

(s. u.) aus einem (nicht existenten) Zentrum bei Mendig stammen sollte (etwa an der Stelle der Autobahnmeisterei), eine Auffassung, die auch in neuerer Zeit noch vertreten wird (23, 24). Das Problem mit den postulierten phonolithischen Bimsgängen habe ich im vorangegangenen Kapitel ausführlicher diskutiert.

Heute können wir mit Sicherheit sagen, dass nur das Laacher See-Becken als Ort für die große Eruption vor 12 900 Jahren in Frage kommt. Bogaard und Schmincke (6) haben den Wandel in den wissenschaftlichen Auffassungen über die Natur des Laacher See-Beckens und die vielfältigen Argumente, die in überwältigender Fülle für das Laacher See-Becken als Eruptionszentrum sprechen, ausführlicher dargestellt.

Landschaft, Klima und Jahreszeit vor dem großen Ausbruch

VOR ETWA 12 900 Jahren war das Laacher See-Gebiet von einer meist weniger als 50 cm mächtigen, gelblichen Lössschicht bedeckt (Abb. 92). Dies war die Zeit des Allerød, der Beginn der Erwärmung nach der letzten Eiszeit; es war aber noch kühl und trocken. In den tiefer gelegenen Gebieten, wie z.B. östlich des Laacher Sees und im Gebiet Nickenich-Kruft und Plaidt, wuchsen Birken, Kiefern, Traubenkirschen und Zitterpappeln. Zeugen für diese schüttere Bewaldung in den Niederungen sind inkohlte Baumstämme, die

[Abb. 103] Ballistisch transportierter Basaltblock (Durchmesser ca. 2 m), der einen 4 m tiefen Krater in Surgeablagerungen und grobkörnige Fallout-Ablagerungen geschlagen hat. Ca. 1,5 km nordöstlich des Nordrandes des Laacher See Beckens (Süßenborn).

[Abb. 102] Laacher See Becken. Der bewaldete Beckenrand besteht aus mehreren älteren Schlackenkegeln, wobei die Täler zwischen den Kegeln weitgehend durch Laacher See Tephra eingeebnet wurden. Der See ist 51 m tief, knapp 2 km lang und der Spiegel liegt bei 275 m ü NN. Unter dem See verbergen sich vier Eruptionsspalten, die während der Eruption abwechselnd aktiv waren: je zwei im Südwesten und Nordosten. Der Hauptkrater lag wahrscheinlich im Nordosten, ein zweiter im Südwesten.

zum Teil noch stehen oder von den pyroklastischen Strömen mitgerissen wurden, sowie Blattabdrücke an der Basis der Laacher See-Tephraablagerungen (Abb. 105, 106). Meist sind sie im Laufe der Zeit verwittert und zerfallen und heute als manchmal gefüllte Baumlöcher sichtbar – Zeugen einer Vegetation, wie es sie auch aus anderen Zeiten gibt, wie der des 40 000 Jahre alten Meerfelder Maars (Abb. 107, 108) oder des noch älteren Eppelsberges (Abb. 64).

Auf der nördlichen Rheinseite bei Gönnersdorf und Neubieber lebten zu dieser Zeit zeitweilig Menschen (8). Die Ruhe indes war trügerisch. In der Tiefe hatte sich eine gewaltige Gesteinsschmelze angesammelt, die ihre Zusammensetzung bei der allmählichen Abkühlung durch Ausscheiden von Kristallen unterschiedlichster Zusammensetzung ständig änderte, *differenzierte*, wie die Wissenschaftler sagen. Im Oberteil dieser Magmasäule, in etwa 5 – 6 km Tiefe, sammelten sich magmatische Gase an, während die umhüllenden

[Abb. 104] Basaltblock an der Brecheranlage des Schlackenkegels Wingertsberg. Der Block hat die unterste LST, den unterlagernden Löss und die oberen roten Schlacken durchschlagen und ist dabei z. T. zerbrochen.

devonischen Schiefer von der Wärme des etwa 750 – 800° C heißen Magmas aufgeheizt und *kontaktmetamorph* verändert wurden.

Maar oder Krater oder Caldera?

DIE LAIEN UND manchmal auch Wissenschaftler um ihren Schlaf bringende Frage, ob denn nun das Laacher See-Becken ein echter *Krater* sei oder ein *Maar* oder eine *Caldera*, ist nicht eindeutig zu beantworten – aber auch nicht wichtig. Man kann stundenlang über diese Frage streiten – oder es auch sein lassen –, denn beide Seiten haben Recht: diese Begriffe sind nicht eindeutig durch beschreibende Kriterien oder klar umrissene Entstehungsprozesse definiert.

Am Anfang steht die Frage: wie entstehen große Löcher in der Mitte von Vulkanen? Wenn ein aufsteigendes Magma in der Tiefe – etwa einige hundert Meter unter der Erdoberfläche – aber auch deutlich tiefer oder flacher – durch Ausdehnung der Gasblasen

im Magma oder Aufheizung von Grundwasser oder beides in kleine Stücke zerrissen wird – *fragmentiert* wie der Fachmann sagt – erodiert dieses häufig mit Überschallgeschwindigkeit aus dem Boden schießende Gemisch von Partikeln und Gasen die Gesteine der Schlotwände ähnlich einem Sandstrahlgebläse (Abb. 109). Weil sich das hochverdichtete Gas-Partikelgemisch am Übergang zur Erdoberfläche zur Seite hin ausdehnt, entsteht so ein trichterförmiger Krater im *Nebengestein*. Riesige Segmente der steilen Kraterwände können beim Nachlassen des Drucks in die Tiefe rutschen, weil sie instabil geworden sind; der Krater erweitert sich. Ähnlich geht es in einem Schlackenkegel zu, der sich *auf* der Erdoberfläche entwickelt. Das aus einem Schlot oder einer Spalte herausschießende Gemisch aus Partikeln und Gasen wird immer dazu tendieren, einen trichterförmigen Krater zu schaffen, weil es sich oberhalb der Öffnung ausdehnt. Die Begriffe Caldera und Maar werden auch dann benutzt, wenn Einbrüche innerhalb eines größeren Vulkangebäudes entstehen (Abb. 110), und nicht in der prävulkanischen Erdoberfläche. Allerdings zeigen die meisten gut aufgeschlossenen Schlackenkegel in der Eifel, dass sie in einem Maarkrater sitzen, der in der Anfangsphase gebildet wurde. Schlackenkegel, die sich ausschließlich auf der Erdoberfläche gebildet haben – abgesehen von einem kleinen Fördergang – gibt es wahrscheinlich gar nicht.

Andererseits sind die am Ende von Kapitel 3 diskutierten *Mulden* in Schlackenkegeln häufig keine echten Krater sondern nur die Vulkanflanken zwischen zwei benachbarten Kegeln (Abb. 93, 94). Umgangssprachlich wird aber der Begriff Krater meistens lediglich verwendet, um eine Vertiefung in einem Vulkan zu benennen, unabhängig von der Entstehung und der Lage oberhalb oder unterhalb der Erdoberfläche. Mit dem Begriff Krater werden ja auch Löcher ganz unterschiedlicher Entstehung bezeichnet, seien sie durch Meteoriten, Bomben, andere Explosionen, Einstürze oder andere Ursachen entstanden. Wer kennt nicht die von Kratern übersäten Landstrassen, die wieder nicht repariert wurden, nicht nur in der Eifel.

Der Begriff *Caldera* im strengen Sinne wird dann in der Wissenschaft verwendet, wenn große Magmamengen an der Erdoberfläche ausbrechen – häufig als Glutlawinen – und das Gesteinsdach über der Magmakammer einsackt, meist entlang von ringförmigen Verwerfungen. Auch in diesem Fall werden die instabilen Wände außerhalb des eingesackten Lochs nachstürzen und abgeflachte Wände bilden. Ein klassisches und aktuelles Beispiel ist der Miyake-jima Vulkan (Abb. 110). Der Rand des morphologischen Walls einer Caldera liegt also deutlich außerhalb der sich in die Tiefe

[Abb. 106] Verkohlter Baumstamm (ca. 15 cm) in Ignimbritablagerungen bei Nickenich.

[Abb. 105] Abdrücke von Blättern von Laubbäumen und Schilf am Kontakt zwischen den initialen Tuffablagerungen der LSE und der ehemaligen Landschaftsoberfläche. Die Blätter waren möglicherweise von den ersten Druckwellen der Eruption im Laacher See Becken abgerissen und nach Osten transportiert worden. Senke am Osthang des Krufter Ofen.

fortsetzenden Randverwerfungen. Es gibt alle Übergänge und auch Maarkrater brechen im Laufe ihrer Entwicklung entlang von ungefähr kreisförmigen Verwerfungen ein.

Zurück zum Laacher See-Becken: wo sich heute der Laacher See ausdehnt, existierte vor der Eruption ein kleiner Krater, ein älteres basaltisches Maar, also ein durch Explosionen und Einsackung entstandener Krater (29), umgeben von Schlackenkegeln. Vor der Eruption des Laacher Sees z. B. war also schon an der gleichen Stelle ein morphologisches Becken, ein kleiner Kessel vorhanden, in das im Norden ein Lavastrom vom Veitskopf und wahrscheinlich im Süden ein Lavastrom vom Wingertsberg geflossen war. Die Ablagerungen dieses älteren Maars – verfestigte, geschichtete grobkörnige Tuffe – stehen in Klippen im Wald gleich östlich der CO_2-Quellen am Ostufer des Sees an. Da die Laacher See-Eruption, wie wir noch sehen werden, phreatomagmatisch, sozusagen als „Maar" begann, das sich später zu einem größeren Schlot verbreitete, in die Tiefe ausdehnte und auch verlagerte und dessen randliche Schollen vermutlich mehrfach abbrachen und abrutschten, kann man das Becken auch als – allerdings kleine – Caldera bezeichnen, der wissenschaftliche Name für

Einbruchskrater, zumal bei dem Ausbruch mehrfach Glutlawinen entstanden, typisch für Calderen. Während der Rand der eigentlichen Schlotregion im Norden und Osten gut definiert ist, weil dort harte Gesteine anstehen, ist der morphologische Rand, der immer weiter außerhalb der Randbrüche liegt, weil die Hänge nachrutschen, im Süden bzw. Südwesten nicht gut definiert. Zwischen den Schlackenkegeln Krufter Ofen und Thelenberg wurde auch die Hauptmasse des Mendiger Fächers lateral transportiert. Aber, wie gesagt, großen Erkenntnisgewinn kann man aus der nomenklatorischen Diskussion über die Frage, welcher der drei Begriffe angemessen oder korrekt sei, nicht ziehen.

Verlauf der Eruption: Einige Begriffe

WIE REKONSTRUIERT MAN den Ablauf, d. h. die Gesamtdauer und die einzelnen sehr unterschiedlichen Eruptionspulse einer vergangenen Vulkaneruption? Die menschliche Geschichte ist durch Entdeckungen, wissenschaftliche, technische und kulturelle Entwicklungen, kriegerische Auseinandersetzungen, Klimaauswirkungen und andere natürliche Einwirkungen gegliedert und wird in Geschichtsbüchern detailliert dokumentiert. Wenn man als Laie vor einer riesigen Tephrawand mit hunderten von Schichten steht, wird man sich zunächst geradezu erschlagen fühlen (Abb. 1). Wer sich Zeit nimmt, erkennt, dass einige Schichten feinkörnig, andere grobkörnig sind, einige sind dunkel, andere hell, einige sind homogen und mehrere Meter mächtig, andere hauchdünn, einige verlaufen gleichmäßig über eine Wand, andere sind schräggeschichtet, einige bestehen aus Bims, andere aus dunklen Gesteinfragmenten, sei es Sandstein, Schiefer oder dunkler Basalt.

Auch wenn ich versuche, in diesem Buch den wissenschaftlichen Jargon auf ein Mindestmaß zu reduzieren, müssen einige unumgängliche Begriffe erklärt werden.

Die Eruption des Laacher See-Vulkans vor 12 900 Jahren, die gewaltigste Vulkanexplosion in Mitteleuropa in geologisch junger Zeit, ist ein klassisches Beispiel für eine komplexe, so genannte *plinianische* Eruption, deren Mechanismus im Verlauf der nur wenige Tage dauernden Hauptphase des Ausbruchs mehrfach wechselte. Die LSE zählt zu den plinianischen

[Abb. 107] Mit nachrutschender Tephra gefüllter Hohlraum eines großen, noch stehenden, aber im Laufe der Zeit zersetzten Baumstamms (Kiefer). Die meisten der häufigen Baumabdrücke sind waagerecht, d. h. die Bäume wurden durch die Wucht der base surges abgebrochen und mitgerissen. Meerfelder Maarablagerungen. Grube Leyendecker (Deudesfeld). WEVF.

Eruptionen, die nach dem Vorbild der von Plinius dem Jüngeren beschriebenen Vesuv Eruption 79 n. Chr so benannt wurden. LSE ähnelte in vieler Hinsicht dieser Vesuv Eruption, ebenso wie der des Mount St. Helens 1980 und des Pinatubo 1991. Auch die Ähnlichkeit der Ablagerungen ist verblüffend. (Abb. 111–121).

Die vielfältige Ausbildung der Ablagerungen der Laacher See-Eruption ist nicht nur für den Anfänger verwirrend. Denn während der kurzen Eruption wechselten die Eruptionsmechanismen mehrfach, z. T. drastisch, miteinander ab. Die Laacher See-Tephraablagerungen sind nicht nur hervorragend aufgeschlossen, sie zeigen auch in klassischer Weise die charakteristischen Eigenschaften von

a) *Fallablagerungen* (gut sortierte Lapillischichten, die das Relief abbilden und deren Mächtigkeit und Korngröße mit der Entfernung abnehmen) (Abb. 115, 119);

b) massigen, schlecht sortierten *Glutlawinen Ablagerungen (*in der Fachsprache *pyroklastische Stromablagerungen, Ignimbrite*) (Abb. 113, 120);

c) *Surgeablagerungen* (Abb. 121)

Mit *surge* werden hochverdünnte, sich schnell ausbreitende, trockene oder feuchte, warme Bodenströme bezeichnet, die sowohl bei Wasserdampf- als auch bei Glutlawineneruptionen auftreten. Sie hinterlassen nur relativ dünne, oft schräggeschichtete Lagen. Der Name geht auf die so genannten *base surges* zurück (sich radial ausbreitende Druckwellen, die bei Atombombenexplosionen bei Bikini beobachtet wurden) und wurde auf ähnliche Vorgänge bei Vulkanexplosionen übertragen (Abb. 122, 123). Konzentrische, sich radial vom Explosionsort fortbewegende Wolken dehnen sich mit großer Geschwindigkeit über die Meeres- oder Landoberfläche aus. Auch bei Vulkaneruptionen, vor allem im Wasser, wie bei der Eruption des Capelinhos Vulkans, der 1958 vor der Azoreninsel Fayal ausbrach, konnte man häufig base surges beobachten

Bei so genannten *plinianischen* Eruptionen werden große Mengen an Bimskörnern und feiner Asche in die Luft geschossen, die von vorherrschenden Winden weit verfrachtet werden können. Wenn eine plinianische Eruptionssäule in sich zusammenfällt, können Glutlawinen entstehen (Abb. 114).

Das Hauptvolumen der LSE wurde plinianisch gefördert. Im Tephraring und am Vulkanfuß (bis etwa 5 km südlich des Laacher See-Beckens, insbesondere im Mendiger Hauptfächer) überwiegt seitlich am Boden transportiertes und ballistisch ausgeworfenes Tephramaterial. Im Verlaufe der Eruption änderte sich die Farbe der Bimslapilli von hell nach grau, die Menge der Kristalle nahm zu, die Poren in den Lapilli wurden kleiner und weniger.

Wir unterteilen die gesamten Laacher See-Tephraablagerungen in untere (Lower Laacher See Tephra – LLST), mittlere (Middle Laacher See Tephra – MLST) und obere (Upper Laacher See Tephra – ULST). Diese unterteilen wir weiter in LLST-A und B, MLST-A, B, C, D, ULST-A, B, C. Die direkt nach der Eruption umgelagerten Ablagerungen heißen RLST – für Reworked (umgelagert). Die englischen Abkürzungen haben sich seit vielen Jahren eingebürgert, denn in den Erdwissenschaften wird heutzutage fast ausschließlich auf Englisch publiziert.

[Abb. 108] Mikroskopisches Dünnschliffbild von Holzzellen von einer verkohlten Kiefer vom Top der sauberen Quarzsande (verwitterter Buntsandstein, der Basis der Meerfelder Maarablagerungen im Westen der Grube (s. Abb. 49), während im Osten Devon das Basement bildet). Ein an gut erhaltener Holzkohle durch P. Grootes 2006 gemessenes (pers. Mitteilung) AMS 14C-Alter ergab 45 950 ± 1810 bzw. 44 850 ± 1670, also zwischen 45 000 und 46 000 Jahren. Grube Leyendecker, Deudesfeld. WEVF.

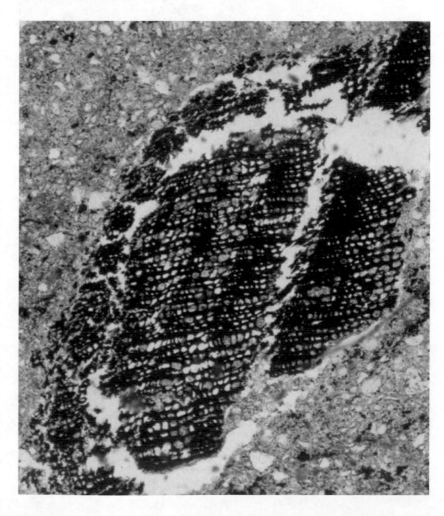

[Abb. 109] Schema eines Magmareservoirs und eines Vulkanausbruchs. Im Oberteil einer Magmasäule sammeln sich bei niedrigem Druck die Moleküle der flüchtigen Elemente wie Wasser, Schwefel oder Chlor und können Gasblasen bilden. Diese wachsen durch Diffusion der Moleküle in die Blase und beim Aufstieg. Bei einer bestimmten Tiefe ist der Innendruck der Blasen so groß – oder die Zerscherung der aufsteigenden Schmelze so stark – dass die blasenhaltige schaumartige Schmelze in Einzelfetzen zerreißt und mit bis zu Überschallgeschwindigkeit an der Erdoberfläche herausschießt. Das extrem heiße Gemisch von Gasen und zerrissener Schmelze steigt einige hundert Meter hoch. Durch Einsaugen von Umgebungsluft kann dann das Gesamtgemisch bis einige 10er von km aufsteigen bis sich in Luftschichten der gleichen Dichte ein Pinienschirm bildet. Dieser kann von starken Winden viele Hundert km weit transportiert werden und verliert auf dem Weg immer mehr von seiner Aschenfracht. Fisher & Schmincke (1984) in (34).

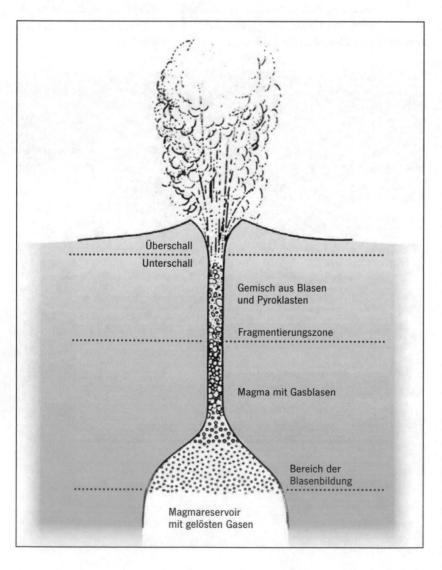

Überschall
Unterschall

Gemisch aus Blasen
und Pyroklasten

Fragmentierungszone

Magma mit Gasblasen

Bereich der
Blasenbildung

Magmareservoir
mit gelösten Gasen

Auslösung und Anfangsphase

IN DER UMGEBUNG des Laacher Sees bis etwa 5 km Entfernung findet man als unterste Lage der Laacher See-Eruption über gelbem und der Oberfläche durch Verlehmung meist grauem Löss eine graue bis grüne feinkörnige Aschenschicht von nur wenigen Zentimetern bis Dezimetern Mächtigkeit (Abb. 102). Sie enthält viele Quarzgerölle, Tonflatschen und Holzkohlestückchen und auf ihrer Unterseite häufig Blattabdrücke (Abb. 105). Diese Schicht enthält nur wenige nichtblasige und eckige Glasstücke vom neuen Magma. Diese Anfangsphase war also nicht ausgelöst durch aufschäumendes Magma sondern - wie so häufig bei Vulkanausbrüchen - durch Aufheizung des Grundwassers durch aufsteigende Gase und/ oder das aufsteigende Magma. Bei der plötzlichen Verdampfung des Grundwassers wurde dann im Wesentlichen das Nebengestein zerrissen, vor allem die mächtigen Tonschichten, unter denen sich das Grundwasser gestaut hatte. Die Anfangsphase der Eruption des Laacher See-Vulkans hatte demnach große Ähnlichkeit mit der oben diskutierten Initialphase vieler Schlackenkegel. Durch die beim Kontakt Magma-Wasser erzeugte Verdampfung des Grundwassers kam es zu gewaltigen Detonationen, bei denen zerriebenes Nebengestein und abgeschreckte Glassplitter des neuen Magmas als wasserdampfreiche Bodenwolke mit einer vorhereilenden Druckwelle radial vom Krater wegrasten. Aus dieser ersten Bodenwolke lagerte sich eine Art sandiger Schlamm wie ein Teppich rings um das von älteren Schlackenkegeln eingefasste Seebecken und das östlich anschließende Neuwieder Becken auf das spärlich bewaldete Land ab. Nur dank dieses feinkörnigen, feuchten Materials sind die an vielen Stellen liegenden Blätter heute als Abdruck erhalten. Dabei wurden insbesondere südlich des Laacher Sees durch die vorhereilende Druckwelle Bäume entwurzelt und dann mit einer feuchten Aschenhaut ummantelt.

Magmen, wie die des Laacher See-Vulkans (analog auch Rieden und Wehr) sind viel leichter und gasreicher als die basaltischen Magmen, aus denen sie sich entwickelt haben. Ein basaltisches Ausgangsmagma kann sich bei nicht ausreichendem Auftrieb in der oberen Erdkruste, also etwa 5–8 km unter der Erdoberfläche, in Magmakammern sammeln. So dicht an der

Erdoberfläche ist die Erdkruste kalt. Das basaltische Magma, das von unten immer wieder nachgefördert wird, kühlt ab. Dabei bilden sich Kristalle, die an den Wänden eine Kristallschicht bilden oder auf den Boden sinken. Diese zuerst kristallisierenden Kristalle enthalten schwere Elemente wie z. B. Eisen. Diesen Vorgang nennt man *Differentiation*. Im Laufe der Zeit wird das Restmagma immer stärker an leichten Elementen und vor allem an zunächst in dem Magma gelösten magmatischen Gasen wie CO_2, SO_2, H_2O, Chlor- und Fluorverbindungen und vielen anderen Gasen angereichert. Dieses leichte – in der Eifel *phonolithisch* zusammengesetzte – Magma kann weiter aufsteigen. Dadurch wölbt sich die Erdkruste über dem aufsteigenden Magma und in den aufreißenden Spalten begegnen sich das aufsteigende Magma, seine Gase und das in dem

schwammartigen Schlotbereich des älteren Maars reichlich vorhandene Grundwasser. Bei dem Druckabfall – analog dem Öffnen einer Mineralwasser – oder Bierflasche, gelegentlich auch Champagnerflasche – werden außerdem riesige Mengen an Gas frei, das sich explosionsartig ausdehnt

Es ist auch nicht verwunderlich, dass die ersten, oft sehr feinkörnigen, Produkte einer großen Eruption durch Wasser- und Dampfeinwirkung fragmentiert und eruptiert werden, da die Erdkruste voller Wasser ist, vor allem in den oberen zerklüfteten und porösen Regionen in vulkanisch aktiven Gebieten. Dieses, aus den Ablagerungen des Laacher See-Vulkans entwickelte Modell wurde durch die katastrophale Eruption des Mount St. Helens am 18. 5. 1980 bestätigt. Die Art der Eruption änderte sich mehrfach im Verlauf der Tage. Im-

[Abb. 110] Luftaufnahme einer im Juli 2000 eingebrochenen Caldera. Der 600 m breite zentrale Teil ist über 2000 m (!) in die teilentleerte Magmakammer eingebrochen. Die steilen Wände sind anschließend zusammengebrochen. Miyake-jima Vulkan (Bucht von Tokio, Japan).

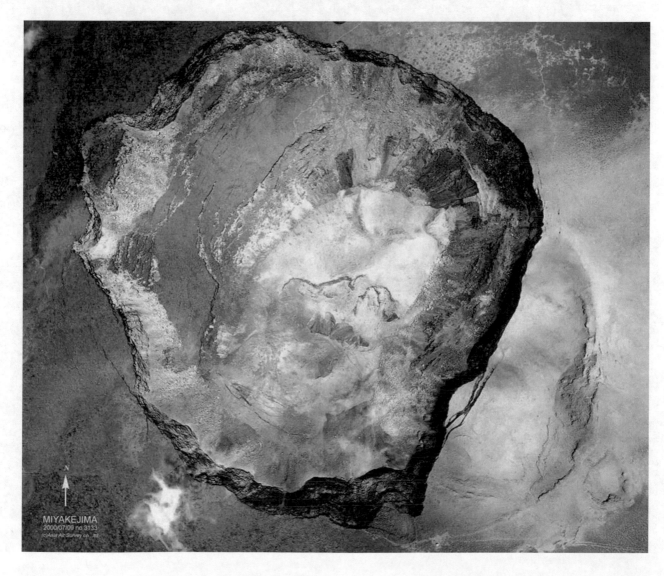

[Abb. 111] Mächtige untere Laacher See Tephra
(LLST) (Basis nicht aufgeschlossen) am östlichen
Wingertsberg. Die großen Blöcke sind überwiegend
Teile eines Lavastroms, der vom Wingertsberg in das
Laacher See Becken geflossen ist.

MLST
Middle Laacher See Tephra

LLST
Lower Laacher See Tephra

mer, wenn das Magma mit Wasser in Berührung kam – und das geschah zu Anfang, in der Mitte und gegen Ende der Eruption –, fanden Eruptionen in kurzen Zeitabständen mit hoher explosiver Energie statt, aber die Eruptionssäulen stiegen nicht hoch auf, sondern breiteten sich druckwellenartig am Boden aus und verließen das Laacher See-Becken insbesondere durch die niedrigen Pässe, wo sie deltaartige Ablagerungen aufbauten. Der größte derartige Ablagerungsfächer ist der Mendiger Fächer. Wenn man heute von Maria Laach nach Mendig fährt, steigt die Straße zunächst an. Dieser Hang stellt die Innenfläche des Laacher See Tephrarings dar; die Ablagerungen sind hier über 50 m mächtig. Die größte Mächtigkeit erreicht der Fächer links der Straße (d. h. nördlich des jetzt abgebauten Schlackenkegels des Wingertsbergs), wo zu jener Zeit das tiefste Tal verlief, in dem die meisten Glutlawinen des Mendiger Fächers zu Tale rasten.

[Abb. 112] Über den dünnen Topsäulen des Niedermendiger Lavastroms folgen örtlich Schotter (unten im Bild), darüber eine bis etwa 150 cm mächtige Lössschicht (hell gelblich-braun), eine etwa 200 cm mächtige massige basale Einheit der LST mit zahlreichen Basaltblöcken und darüber geschichtete bimsreiche LLST. Die weiche Lössschicht ist durch ballistisch transportierte Basaltblöcke eingedellt. Aufgelassene Grube hinter dem Hotel Hansa (Mendig).

[Abb. 113] Mächtige Tephraablagerungen am südwestlichen Hang des Schlackenkegels Krufter Ofen. Über basalen Falloutschichten folgt ein ca. 4 m mächtiger Ignimbrit (pyroklastische Stromablagerung), der der Tauchschicht (TS) bei Mendig entspricht und aus mehreren Fließeinheiten besteht. Die überlagernden Fallout Bimslapillilagen (MLST-C ca. 1,5 m) und die Tandemschichten (AB 1, 2) werden hier von massigen Ignimbriten getrennt. Die grauen ULST Schichten bestehen ebenfalls aus Fließablagerungen und groben Fallout- und Dünenschichten.

Hauptphase

Ältere basaltische Lavaströme, wie der berühmte Niedermendiger Lavastrom, der einige Zeit (vielleicht vor 50 000 Jahren, sein Alter ist nicht genau bekannt) vorher im Wingertsbergvulkan zwischen Mendig und dem Laacher See ausgebrochen war, vermutlich mit einem Strom nach Süden und einem nach Norden, aber auch Ströme vom Veitskopfvulkan wurden in Blöcke von bis zu 4 m Durchmesser zerlegt und über 2 km weit aus dem Krater herausgeschleudert, sowohl im Süden wie Norden des Beckens (Abb. 103, 104). Dass sich der Krater immer weiter in die Tiefe verlagerte, können wir daran ablesen, dass im Verlauf der Eruption zunehmend tiefere Krustenstockwerke angeschnitten und als Fragmente ausgeworfen wurden. Einzelne Tephralagen, in denen Tuffe und Basalte aus oberflächennahen Schichten vorherrschen, zei

gen an, dass der Krater sich auch seitlich wiederholt verbreiterte und im Verlauf der Eruption von Süden nach Norden wanderte, später auch wieder zurück. Man kann das leicht daran sehen, dass Form des Sees des Laacher Sees einer „8" ähnelt.

Nachdem durch die eingangs geschilderten Eruptionen der Anfangsphase eine Öffnung geschaffen worden war, begann die plötzlich druckentlastete Magmasäule mit großer Gewalt zu entgasen. Wie aus dem Hals einer heftig geschüttelten Sektflasche wurde das Magma im Schlot durch die sich ausdehnenden Gase zerrissen, durch den mit 200 bis 400 m/sec herausschießenden heißen Strahl aus Bims, Asche und Gasen in kleine Stücke zerrieben, beschleunigt und mehrere 100 m bis viele Kilometer hoch in die Luft geschossen. Dabei wurde kalte Luft angesaugt, durch den Kontakt mit den heißen Glaspartikeln erhitzt und stieg, nach unseren Berechnungen, wiederholt

ULST

AB 1, 2 ·········

MLST-C, D

MLST-C

MLST-B

MLST-A   TS

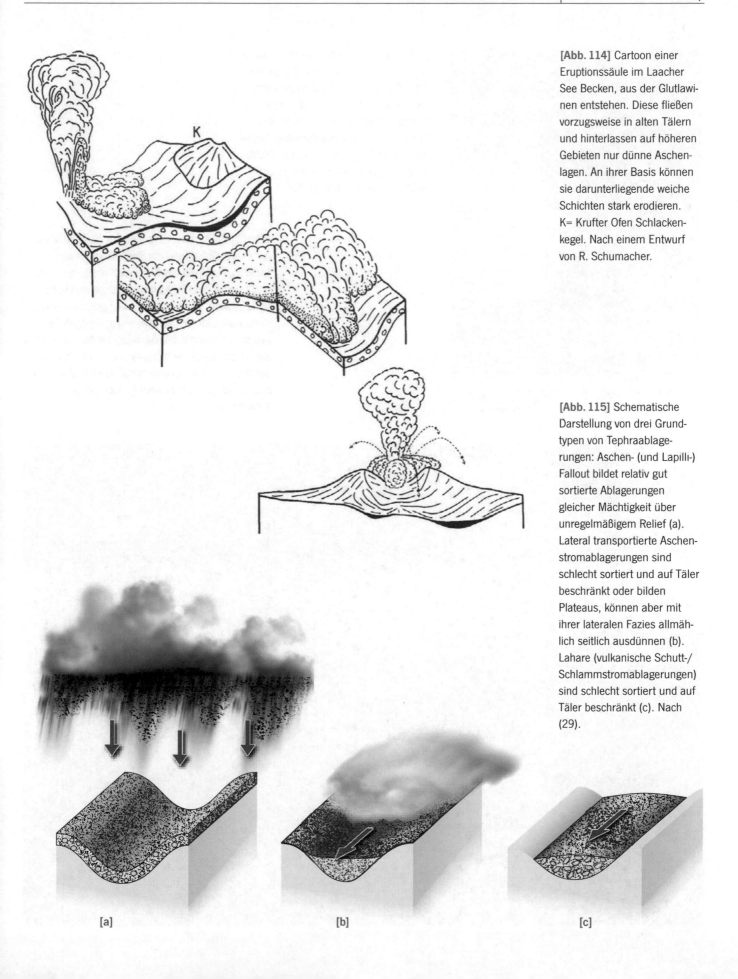

[Abb. 114] Cartoon einer Eruptionssäule im Laacher See Becken, aus der Glutlawinen entstehen. Diese fließen vorzugsweise in alten Tälern und hinterlassen auf höheren Gebieten nur dünne Aschenlagen. An ihrer Basis können sie darunterliegende weiche Schichten stark erodieren. K= Krufter Ofen Schlackenkegel. Nach einem Entwurf von R. Schumacher.

[Abb. 115] Schematische Darstellung von drei Grundtypen von Tephraablagerungen: Aschen- (und Lapilli-) Fallout bildet relativ gut sortierte Ablagerungen gleicher Mächtigkeit über unregelmäßigem Relief (a). Lateral transportierte Aschenstromablagerungen sind schlecht sortiert und auf Täler beschränkt oder bilden Plateaus, können aber mit ihrer lateralen Fazies allmählich seitlich ausdünnen (b). Lahare (vulkanische Schutt-/ Schlammstromablagerungen) sind schlecht sortiert und auf Täler beschränkt (c). Nach (29).

[a]   [b]   [c]

ERUPTION OF VESUVIUS.
as seen from Naples.
October 1822.

Der Vesuv Ausbruch
im October 1822.
von Napoli gesehen.

[Abb. 116] Eruption des Vesuvs im Jahre 1822 mit charakteristischer Eruptionssäule aus Gasen, zerrissenem Magma (Asche und Lapilli) sowie beim Aufstieg eingesaugter Luft (Blumenkohlwolken). Die typisch plinianische Eruptionssäule breitet sich pinienförmig aus, sobald ihre Dichte der der umgebenden Atmosphäre entspricht. Aus Scrope (1862) (33).

[Abb. 116a] Ausbruch des Ätna am 19. 3. 2012 von der Piazza (Marktplatz) der Stadt Taormina aus gesehen. Durch die Westwinde wrd die Aschenwolke vom Oberteil der Eruptionssäule ausgehend nach Osten geweht, während gleichzeitig größere Tephrapartikel aussedimentiert werden (grauer Schleier zwischen dem noch schneebedeckten Ätna und der sich rasch ausdehnenden Aschewolke. Die Bewohner der Stadt sind von dem für sie alltäglichen Ereignis nicht beeindruckt und halten ihr sonntägliches Schwätzchen.

[Abb. 117] Aufsteigende Eruptionssäule (18. 5. 1980). Mount St. Helens (Washington, USA).

bis 20 und sogar 30 km in die Stratosphäre auf (6). Die Bimslapilli und Aschen wurden von Höhenwinden zunächst nach Osten, beim Weiteraufstieg der Eruptionssäule in noch höhere Schichten dann von den vorherrschenden Hauptwinden nach Nordosten geblasen.

[Abb. 118] Montage der ca. 40 km hohen Eruptionssäule der Pinatuboeruption vom 15. 6. 1991 über randlichen Schlackenkegeln, die das Laacher See Becken östlich umgeben. Das eruptierte Magmavolumen beider Eruptionen ist praktisch identisch. Photo Pinatubo Eruptionssäule: Harlow (USGS) Internet.

[Abb. 119] Fallout-Ablagerungen Laacher See Tephra. Unterbims (LLST) (zum Teil verschüttet) überlagert von dunklen feinkörnigen Aschenlagen (Hauptbritzbank (HBB)). Obere Laacher See Tephra erodiert. Bei Nickenich.

Die Tephrafächer

Schon im 19. Jahrhundert war Wissenschaftlern aufgefallen, dass die Bims- und Aschenmassen westlich des Laacher Sees fast völlig fehlen, dagegen im Neuwieder Becken eine Decke bilden, die am Rhein mehrere Meter mächtig ist und die als millimeterdünne Aschenlagen noch in über 1000 km Entfernung in Mooren und Seeablagerungen in Südschweden und Norditalien nachweisbar ist (Abb. 36). Dass man die Aschen nicht weiter nördlich findet, liegt nur daran, dass in jener Zeit (vor 12 900 Jahren) die Grenze des Inlandeisschildes in Südschweden lag; die auf die Eisdecke gefallenen Aschen wurden abgespült und sind daher heute nicht mehr nachweisbar.

Auch heute noch ist die vorherrschende Windrichtung Südwest-Nordost. Denn die Richtung der früher in unseren Zeitungen veröffentlichten Fächer von radioaktivem Fallout, der bei einer Kernwaffenexplosion in Mitteleuropa entstehen würde, ist praktisch identisch mit der der unteren Laacher See Tephra.

In den nächsten zwei bis drei Tagen wurde die riesige Menge von ca. 20 km³ Bims (entspricht etwa 6,5 km³ Magma) gefördert. Das war mehr als bei der berühmten Eruption des Vesuvs im Jahre 79 n. Chr., bei der die Städte Herculaneum und Pompeji durch Glutlawinen und Bimsdecken begraben und weite Landstriche verwüstet wurden (Abb. 116). Mehr auch als bei der großen Eruption des Mt. St. Helens Vulkans im Staate Washington (USA) am 18. 5. 1980, aber ähnlich der Magmamasse, die am 15. 6. 1991 beim Pinatuboausbruch auf den Philippinen gefördert wurde. Die gewaltige Menge von 6,5 km³ Magma, die während dieser kurzen Zeit eruptiert wurde, entspricht etwa 1500 Fußballfeldern, die 50 m hoch mit Magma bedeckt sind.

Auch im Süden des Laacher Sees entstand ein kleinerer Fächer aus vulkanischen Aschen, der bis Norditalien nachweisbar ist. Das kann man folgendermaßen erklären: Immer wenn die Eruptionssäule nicht besonders hoch war, vielleicht bis in die mittlere Troposphäre reichte, d. h. immer dann, wenn Wasser bei der Eruption beteiligt war, wurden Aschen von nördlichen Winden nach Süden geblasen.

[Abb. 120] Etwa 25 m mächtige Ignimbritablagerungen (Trass) im Brohltal bei Tönnisstein. Die unteren hellen Schichten sind primär abgelagert, die oberen grauen gesteinsfragmentreichen Taschen stellen nach der Eruption umgelagertes Material dar (s. Abb.166).

[Abb. 121] Charakteristische dünenförmig geschichtete Ablagerungen der oberen Laacher See Tephra (ULST). Transportrichtung von links (Laacher See) nach rechts. Die Dünen sind bei hoher Transportgeschwindigkeit durch am Boden dahinschießende Druckwellen (Base Surge) entstanden, die aus dichten kristallreichen Lapilli, Stückchen von devonischem Schiefer und Dampf bestanden. Die gedünten Schichten werden oben unter der Vegetation von einem späten massigen Lahar überlagert. Wingertsberg bei Mendig.

Der Mendiger Graben

VIELLEICHT IST EINIGEN Mendigern oder auswärtigen Wanderern schon aufgefallen, dass der Wingertsberg-Schlackenkegel im Südwesten durch eine relativ steile Flanke begrenzt wird und zum Laachgraben, also zur Straße Mendig-Maria Laach hin, abfällt. Diese Steilflanke entstand dadurch, dass der Südwestteil des Kegels in Schollentreppen um mehr als 10 m abgesenkt wurde und zwar nicht nur am Wingertsberg, sondern über eine Entfernung von mindestens 1 km, nachweisbar bis in die Gegend des Schwimmbads von Mendig (Abb. 124–127).

Die Absenkung war in der ersten Hauptphase des Ausbruchs so stark, dass sich Gräben und Horste bildeten, d. h. die Absenkung war schneller als die Auffüllung durch das dauernde Bombardement der auf das Gebiet niederprasselnden Blöcke und Bomben und durch die sich am Boden fortbewegenden Glutwolken. Möglicherweise setzte sich diese Absenkung bis in den Kraterbereich fort. In den tiefen Gruben vom Wingertsberg-Schlackenkegel kann

man erkennen, dass die Verwerfungen nicht oberflächlich sind. Auch der Schlackenkegel ist entlang dieser Verwerfungen um viele Meter versetzt, d. h. der Südwestteil wurde abgesenkt.

Die Horst- und Grabenzone ist mindestens 1 km breit, denn auch entlang der nach Südwesten aufsteigenden, dem Wingertsberg gegenüberliegende Flanke der Grabenzone, zwischen der heutigen Autobahnmeisterei („Flur Meerhöhe") und Obermendig, waren über die Jahre immer wieder tektonische Gräben und Horste aufgeschlossen, die zur gleichen Zeit entstanden (Abb. 126).

Es ist sehr selten, dass man den Beginn, das Ende und die Dauer einer Absenkung der Erdkruste genau bestimmen kann. Die Aufschlüsse am Wingertsberg haben es erlaubt. Die Absenkung begann während der ersten Hauptphase der Eruption (LLST) und dauerte einige Stunden, vielleicht auch Tage, wobei die Absenkung allmählich nachließ. Die geschichteten Ablagerungen MLST - A, die der HBB entsprechen, aber so nahe am Krater sehr grobkörnig sind, werden nicht nur weniger stark durch Verwerfungen gestört, sie sind auch in den tektonisch

[Abb. 122] Basale Ringwolken (base surges) bei der Bikini Eruption (1950) (34).

[Abb. 123] Ringwolke (Base Surge), die von einer Explosion der 1958 im Meer vor der Küste von Fayal (Azoren) entstehenden Vulkaninsel Capelinhos ausgeht (34).

[Abb. 124] Schmaler Graben-bruch am westlichen Rand des Mendiger Grabens ca. 250 m westlich der Tankstelle und Autobahnmeisterei an der Kreuzung A 61 und B 262. In der Mitte der Wand ist ein etwa 5 m breites auch intern gestörtes Tephrapaket in einem tektonischen Graben entlang steilstehender Verwer-fungen um etwa 5 m einge-sackt. Im rechten Teil des Fotos sind die Schichten oberhalb der hellen Tauch-schicht noch tiefer abgesun-ken entlang einer schaufelför-migen komplexen Rutschfläche (gestrichelte Linie).

[Abb. 125] Etwa 20 m breite Grabenzone bei der Autobahn-meisterei auf der westlichen Flanke des Mendiger Grabens, dessen Gesamtbreite etwa 1 km beträgt. Die Glutlawinen-ablagerungen der Tauch-schicht (TS) haben den Graben nicht ganz aufgefüllt, sind aber selber entlang der seitlichen Verwerfungen noch leicht versetzt.

[Abb. 126] Steile Verwerfung
zwischen den unteren LST
Schichten (LLST und MLST-A)
am nordöstlichen Rand des
Mendiger Grabens nahe der
Autobahn (südöstliches Ende
des Wingertsberges). Die
jüngeren Schichten (Tauchschicht (TS) bis Top ULST)
sind entlang der steilen Fläche
nach Südwesten abgerutscht
bzw. verdicken sich.

entstandenen Gräben mächtiger als in den – relativ – gehobenen Schultern der Horste (Abb. 126, 127). Mit anderen Worten, ein Teil der MLST-A Tephra wurde am Boden in den Vertiefungen der gerade entstandenen Gräben transportiert. Eine weitere, schwächere Diskordanz tritt in BB1 auf (weit verbreitete Bimslapillilage, im näheren Kraterbereich extrem fremdgesteinsreich), auf die eine weit verbreitete Aschenstromlage (die örtlich so genannte *Tauchschicht*) folgt, die in den zu diesem Zeitpunkt fast aufgefüllten Gräben etwas mächtiger ist, aber selber kaum verworfen, d.h. tektonisch versetzt wurde (Abb. 124–127). Mit zunehmender Entfernung nach Südwesten zum Laachgraben hin, sind die jüngeren Schichten an den steilen Verwerfungsflächen regelrecht abgerutscht (Abb. 125). Allerdings waren die Brüche noch bis nach Ende der Eruption aktiv jedoch ohne deutlichen Versatz (Abb. 127). Ähnliche Sektorgräben, die in einem Winkel zum ungefähr runden Kraterbereich verlaufen,

sind auch von anderen Vulkanen bekannt. Sie hängen meist mit der Verlagerung des Magmas aus der Tiefe an die Erdoberfläche zusammen. Mit anderen Worten, aus der Tiefe wird viel Material an die Erdoberfläche transportiert. Es entsteht ganz kurzfristig ein Hohlraum, der aber sehr schnell einbricht. Möglicherweise hängt die Entstehung der Big-Bang-Schichten (s. u.) mit diesen Einbrüchen zusammen.

[Abb. 126] Steile Verwerfung zwischen den unteren LST Schichten (LLST und MLST-A) am nordöstlichen Rand des Mendiger Grabens nahe der Autobahn (südöstliches Ende des Wingertsberges). Die jüngeren Schichten (Tauchschicht (TS) bis Top ULST) sind entlang der steilen Fläche nach Südwesten abgerutscht bzw. verdicken sich.

[Abb. 128] Unten: Kleinräumiger tektonischer Graben, der nach der Ablagerung der LLST und MLST entstand. Die Aufwölbung und der Grabeneinbruch waren aber vor Ende der Eruption beendet, da die grünen Silte (ULST-C) nicht verworfen sind. Ca. 1 km südlich Miesenheim.

[Abb. 127] Oben: Aufgeschlossen sind die obersten Ablagerungen der Laacher See Eruption, die links im Bild durch die ausklingenden Verwerfungen des Mendiger Grabens noch leicht versetzt sind. In den während der Eruption entstandenen tektonischen Versätzen (Pfeile) hat sich die Tauchschicht (pyroklastische Stromablagerung) (TS) verdickt. Nach oben klingt der synvulkanische tektonische Versatz aus. Besonders interessant ist die V-förmige Erosionsrinne („Kerbtal"), die sich noch vor Ende der Eruption gebildet hat. Der Beweis ist eine ca. 25 cm dicke massige hell gelbliche feinkörnige Schicht (T) etwa 1 m über der Sohle der Erosionsrinne, die aus primären feinkörnigen Aschen besteht. Möglicherweise sind diese Erosionsrinnen, die im Abstand von 20 – 50 m entlang des Außenhangs bis zum Krufter Ofen in vielen Bimsgruben zu beobachten sind, durch Starkregen in die lockeren Tephraablagerungen eingekerbt worden, die durch den Klimaimpakt der Laacher See Eruption ausgelöst wurden. Die eigentliche Rinnenfüllung wird oberhalb der gelblichen Tephraschicht von später umgelagerten Schichten überdeckt, die nach Ende der Eruption abgespült wurden.

Häufig wölbt sich die Erdkruste eine zeitlang vor dem Ausbruch eines größeren Vulkans im Umkreis von einigen Hundert Metern schildartig. Diese Aufwölbungen sacken dann während und nach einer Eruption wieder zusammen – jedoch nicht in die Ursprungshöhe, weil inzwischen Magma nach oben gestiegen und seitlich eingedrungen ist – soweit es nicht aus dem Krater gefördert wurde.

Wie weit sich der Graben nach Mendig fortsetzt ist nicht bekannt. Andererseits zeigt die Breite der Horst- und Grabenzone sowie ihre NW-SE Orientierung, die ungefähr parallel zu der heutzutage seismisch aktiven Ochtendungzone verläuft (Abb. 34), dass regional aktive Verwerfungen möglicherweise auf irgendeine Weise mit der Eruption des Laacher See-Vulkans zusammenhängen können.

Auch in der Gegend von Miesenheim und den Eiterköpfen wurden die LST während der Eruption entlang von ähnlichen Verwerfungen versetzt, die vor dem Ende der Eruption wie-

der aufhörten (Abb. 128). Mit anderen Worten, auch im Neuwieder Becken in größerer Entfernung vom Laacher See führten vor allem während der Mitte der Eruption gewaltige Energien zu Krustenbewegungen noch während der Eruption!

Die Big-Bang-Schichten

Die erste große Unterbrechung in der Eruptionsgeschichte des Laacher See-Vulkans ist markiert durch zwei (örtlich eine) an devonischen Schieferstückchen angereicherte Lagen und sehr sauberen, eckigen Bimslapilli (Abb. 129–135). Sie sind im ganzen Neuwieder Becken verbreitet. Ich habe sie *Big-Bang-Schichten* (BB1) genannt, weil sie offensichtlich bei besonders explosiven Eruptionen und massiven Kratereinsturz aus dem Krater herausgeschleudert wurden. Die scharfe Basis der Schicht BB1 zeigt, dass die unterlagernden Bimse wahrscheinlich durch eine Druckwelle, die der Ablagerung von BB1 voranging, erodiert wur-

[Abb. 129] Klassischer Aufschluss der LLST und MLST zwischen Nickenich und Eich. Die LLST enden mit einer charakteristischen Breccienschicht direkt unterhalb der feinkörnigen dunklen Tuffe (BB1). Die Hauptbritzbank ist hier über 2 m mächtig. Maßstab 1 m.

den. Diese gesteinsfragmentreichen Lagen sind möglicherweise dadurch entstanden, dass die Schlotwände durch die Erosion des Schlotes in der Tiefe während der stundenlang herausschießenden Bimslapillimassen (LLST) instabil wurden. Bei nachlassendem Gasdruck stürzten die Schlotwände in den entgasenden unterirdischen Oberteil der Magmakammer mehrfach ein. Dabei wurde der Schlot gewissermaßen verstopft, sodass sich ein enormer Druck aufbauen konnte. Als der Druck die Last der eingestürzten Massen überstieg, wurden sie von den herausschießenden Bimslapilli und heißen Gasen zerkleinert und in einer Art Jet herausgeschossen. Es gibt viele Anzeichen dafür, dass sich der Krater nach mehreren aufeinanderfolgenden solchen Big Bang-Ereignissen weiter nach Norden verlagerte

Nach mehreren aufeinanderfolgenden solcher BB Ereignisse änderte sich die Eruptionstätigkeit des Vulkans radikal. Die neue Tätigkeit begann zunächst in der Form vieler kleiner Eruptionspulse mit feuchten Aschenwolken und episodischen stärkeren Explosionen, bei den Bimslapillischichten entstanden und wurde zum Schluss dramatisch: die Phase der Glutlawinen setzte ein.

Britzbänke und die Hauptbritzbank

Auf die LLST folgt abrupt eine sehr komplexe Serie von bräunlichen, feinkörnigen Tuffen, die mit gröberen, oft schmutzigen Bimslapilli wechsellagern. Diese in der Bimsindustrie *Hauptbritzbank* genannte Abfolge von Schichten wurde schon vor über 100 Jahren als Leithorizont im Laacher See-Gebiet erkannt und stellt die Zwischenschicht zwischen dem *Unterbims* und dem *Oberbims* dar (Abb. 129–132).

Als ich 1970 begann, in der Eifel wissenschaftlich zu arbeiten, fiel mir auf, dass diese feinkörnigen Tufflagen – in der Eifel mit dem bergmännischen Ausdruck *Britz* oder *Britzbänke* benannt – nicht, wie man bis dahin geglaubt hatte, sozusagen wie Schnee als feine

[Abb. 130] LST 6 km südöstlich des Laacher Sees am Westhang des Plaidter Hummerich. Über der Hauptbritzbank, die hier in größerer Entfernung vom Laacher See nur noch halb so mächtig ist wie in Abb. 129, folgt extrem ausgedünnt die MLST-B und dann MLST-C, die hier sehr mächtig ist. Der Oberteil der Abfolge ist erodiert.

Aschen nach den groben Bimslagen aussedimentiert sein konnten. Dagegen sprach u. a. dass sie – wie man sagt – *schlecht sortiert* waren, d. h. sowohl aus ganz feinen als auch gröberen Körnern bestanden. Das ist immer ein Zeichen für einen Transport entweder am Boden in einem Partikelstrom oder als zusammengepappte feuchte Aschen so wie nasser Schnee auch nicht in einzelnen lockeren Kristallen sondern in Klumpen fällt. Dazu kam, dass einige dieser Tufflagen in Senken dicker wurden und auf den Hängen ausdünnten. Zumindest einige waren in den Gebieten am äußeren Hang der östlichen Schlackenkegel als Partikelstrom geflossen.

Schon eine ganz einfache Überlegung zeigt, dass die frühere Erklärung – eine Absaigerung feiner Aschenpartikel – nicht korrekt sein konnte. Wenn eine grobkörnige Bimslapillilage im Neuwieder Becken abgelagert wird, dann kann man schnell feststellen, dass die durchschnittliche Korngröße mit der Entfernung immer geringer wird. Aber selbst im Neuwieder Becken haben die Bimslapilli irgendeiner markanten Lage immer noch Lapilligröße, d. h. sie sind viele Millimeter bis Zentimeter groß. Erst in hunderten von Kilometern werden die Partikel einer Schicht so fein, dass sie der Korngröße einer Britzbank entsprechen. Mit anderen Worten, wenn feinkörnige Aschelagen in der Nähe des Kraters einer großen Eruption abgelagert werden, dann sind die Eruptions-, bzw. Ablagerungsbedingungen deutlich anders als die von den großen Bimslagen.

Bei einer genaueren Untersuchung wurde klar, dass man die feinen Aschenlagen der

[Abb. 131] Vollständige, etwa 8 m mächtige LST überlagert von feinkörnigen Aschen (grüne Silte (ULST-C), d. h. Korngröße unter etwa 0,1 mm) und ca. 8 m umgelagerte Tephra (RLST) sowie mögliche umgelagerte Sedimente der Jüngeren Dryaszeit (JD). Tephragrube 300 m westlich Schlehenhof (Kruft).

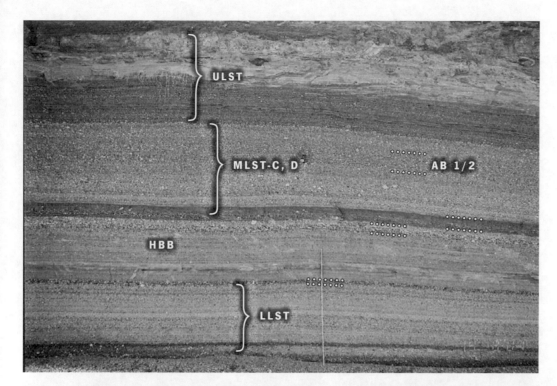

[Abb. 132] Unterteil des Tephraprofils Schlehenhof (Abb. 131). Gut erkennbar ist die Untergliederung der LLST in verschiedene Eruptionspulse. Die beiden grauen oberen Falloutlagen aus Bimslapilli stellen die weit verbreiteten Lagen AB1 und 2 dar.

[Abb. 133] Markante Doppellage (Big Bang Lage BB1 genannt), die hier, nur etwa 2 km östlich des Laacher Sees, mächtig und grobkörnig ist. Bruchstücke von devonischem Schiefer und Sandstein messen bis zu 20 cm. Eingang Grube Eppelsberg.

[Abb. 134] Detail der BB1-Lage, die zu über 50 % aus devonischen Gesteinsfragmenten besteht. Die bis 10 cm messenden Bimslapilli sind sehr eckig. Eingang Grube Eppelsberg.

Hauptbritzbank in zwei Gruppen unterteilen kann: Die meisten feinen Aschenlagen der Hauptbritzbank entstanden bei kleineren Eruptionen, bei denen häufig Wasser im Spiel war, wobei es sehr schwer nachzuweisen ist, ob das Wasser mit den Aschen im Schlot gefördert wurde, also verdampftes Grundwasser und etwas magmatisches Wasser darstellt, oder ob es die Feuchtigkeit der Atmosphäre darstellt, die an den feinen Ascheteilchen kondensierte. Jedenfalls gibt es viele Hinweise darauf, dass die feinen Aschenlagen im wesentlichen feucht abgelagert wurde, d. h. bei der Sedimentation pappten die einzelnen Aschenteilchen zusammen und bildeten so größere Aggregate. Einzelne, insbesondere obere Tufflagen bestehen fast ausschließlich aus konzentrisch aufgebauten Aschekugeln, so genannten *akkretionären Lapilli* – typisch für die Zusammenballung von Aschen in feuchten turbulenten Aschenwolken – die man in einzelnen Schichten über weite Entfernungen verfolgen kann (Abb. 136, 137).

Vor allem im Oberteil der Hauptbritzbank stellen feine Tufflagen im Wesentlichen die seitlichen Ablagerungen von pyroklastischen Strömen dar (Abb. 138). Denn aus Glutlawinen werden sowohl während als auch nach dem Transport große Mengen feiner Aschen mit den aufsteigenden heißen Gasen mitgerissen und bilden riesige, blumenkohlartige Glutwolken, die oft viele Kilometer hoch aufsteigen. Da diese Glutwolken leicht sind, lagern sie einen Film feiner Asche auch auf den Höhen der umliegenden Berge ab. Ihre Ablagerungen sind daher zwar dünner und feinkörniger, aber viel weiter verbreitet als die der eigentlichen Glutlawinen.

Zusammengefasst stellt also die Hauptbritzbank ein Stadium in der gesamten Entwicklungsgeschichte des Laacher See-Vulkans dar, in dem – immer wieder unterbrochen

[Abb. 135] Grenze zwischen BB1 und basaler Tufflage der Hauptbritzbank. Diese Asche wurde von feuchten Aschenwolken abgelagert und durch die überlagernden Bimslapilli eingedrückt, weil sie noch plastisch verformbar war. Grube bei Nickenich.

von einigen heftigeren Explosionen, bei denen Bimslapilli gefördert wurden – im Wesentlichen zerriebenes Material überwiegend aus feuchten Aschenwolken. Infolgedessen verliert die Hauptbritzbank auf der linken Seite des Rheins, im Neuwieder Becken, relativ schnell an Mächtigkeit. Sie ist dort meistens weniger als 20 cm mächtig, während sie im Bereich Nickenich zum Beispiel bis über 2 m mächtig sein kann.

Die großen Glutlawineneruptionen

Wer gegen Ende des 18. Jahrhunderts, zur Zeit Collinis, ins Brohltal kam, fand ein geschäftiges, staubiges Tal vor. Am Grunde einer tief eingeschnittenen, bewaldeten Schlucht konnte man Fuhrwerke und schemenhafte Gestalten vor steilen weißen Wänden gerade noch erkennen. Aber dies waren nicht weiße Kreidefelsen, sondern massige, helle, nahezu senkrechte Aschenwände, bis 60 m hoch, aus einem weichen Material, in das man leicht mit einem Stöckchen seinen Namen ritzen konnte (Abb. 120). Auch wer heute von Burgbrohl zum Rhein oder durch das Tönissteiner Tal wandert, wird das merkwürdige Gefühl nicht los, sich in einer ganz anderen Landschaft zu bewegen. Denn der Gegensatz zwischen den grauen, scharfkantigen Schiefern und Sandsteinfelsen und den sie verhüllenden Wänden aus einem weißen, weichen Material, einem getrockneten Schlamm unähnlich, könnte nicht größer sein (Abb. 138–142). Schon die Römer schätzten diese *Trass* genannten Ablagerungen und die in tieferen Senken wie bei Plaidt durch Reaktion mit dem Grundwasser sekundär verfestigten Ablagerungen als Baumaterial.

Wissenschaftler im 19. Jahrhundert glaubten, der Trass sei von vulkanischen Schlammströmen abgelagert worden, eine Auffassung, der man auch heute noch manchmal in Fachpublikationen begegnet. Erst zu Anfang des 20ten Jahrhunderts begann man, den eigentlichen Ursprung der weichen, talfüllenden Ablagerungen zu erkennen. Und das kam so:

Hin und wieder lüftet die Natur für den kurzen Augenblick einer Vulkaneruption ihren Schleier. Am 2. Mai 1902 brach auf der Karibikinsel Martinique der Vulkan Montagne Pelée aus, der sich aber schon Wochen vorher z. B. durch Schlammströme bemerkbar gemacht hatte. Innerhalb weniger Minuten erstickten etwa 30 000 Einwohner der Stadt St.

[Abb. 136] Aschenlage der Hauptbritzbank, die hauptsächlich aus dicht gepackten Aschenkugeln von ca. 0,7 cm Durchmesser (akkretionären Lapilli) besteht, die sich in turbulenten feuchten Aschenwolken gebildet haben. Nickenicher Sattel.

[Abb. 137] Mikroskopisches Dünnschliffbild (ca. 2 cm breit) von einem an akkretionären Lapilli reichen Tuff mit grobem Kern und einem Saum aus vielen Lagen feiner Asche. Links oben ein von feiner Asche ummanteltes Bimskorn. In der Grundmasse viele Bruchstücke von akkretionären Lapilli, die beim turbulenten Transport zerbrochen wurden.

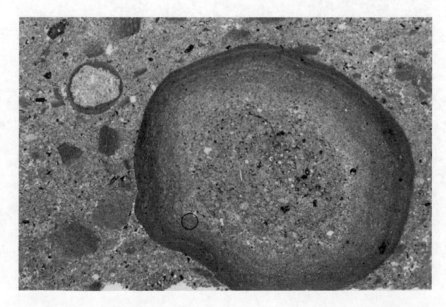

Pierre in über 600° C heißen, aber material-armen bodennahen Aschenwolken, die mit großer Geschwindigkeit über die Stadt rasten und sie weitgehend zerstörten. Die heißen Druckwellen brachten viele der im Hafen ankernden Schiffe zum Kentern und steckten sie in Brand. Selbst auf den in einiger Entfernung dümpelnden, aber nicht gekenterten Schiffen drang feine Asche in jede Ritze, so dass viele Menschen an der heißen Asche erstickten. Die eigentlichen Glutlawinen aus relativ dichten, heißen Lavabrocken waren allerdings auf das nahe gelegene Tal der Reviere Blanche beschränkt.

Erst Jahre später erkannte man, dass Glutwolken demnach aus zwei Teilen bestehen: Eine basale eigentliche *Glutlawine*, in der die meisten und schweren Partikel transportiert werden; sie sind während des Fließens für gewöhnlich von den aus ihnen aufsteigenden, aus feinen Aschenteilchen und Gas bestehenden *Glutwolken* verdeckt (Abb. 143, 144). Andere, in

der Wissenschaft aber inzwischen auch in den Medien verwendete Namen für Glutlawine sind *pyroklastische Ströme* oder *Aschenströme*. Die Ablagerungen werden *Ignimbrit* genannt.

Neben Pompeji und Krakatau ist sicher keine historische Vulkaneruption so stark ins kulturelle Bewusstsein gedrungen wie die Eruption der Montagne Pelée. Die Geschichte des in einem Kerkerkeller eingesperrten und überlebenden Gefangenen (Abb. 145) und die Beobachtungen der Ereignisse durch die Schiffsbesatzungen von nicht gekenterten Schiffen im Hafen von St. Pierre haben uns das Bild eines gewaltigen Naturschauspiels überliefert, das durch seine Schnelligkeit und Zerstörungskraft in einem dicht besiedelten Gebiet ein besonders dramatisches Beispiel für große Vulkanausbrüche darstellt. Pyroklastische Ströme entstehen jedes Jahr an vielen Vulkanen. Die bei der mit Abstand größten Vulkaneruption des vergangenen Jahrhunderts im nach der Eruption so genannten Tal der

[Abb. 138] Bimsgrube, die lehrbuchmäßig zeigt, wie massige Glutlawinenablagerungen (Ignimbrit, Trass) in einem Paläotal mehrere Meter mächtig werden, aber an den Hängen ausdünnen (Britzbänke), weil sie am Boden geflossen sind. Zwischen Krufter Ofen und Heidekopf.

10 000 Dämpfe (damit waren die Fumarolen der entgasenden Ignimbritablagerungen gemeint) in einem abgelegenen Gebiet Alaskas entstandenen Ignimbrite zeigen anschaulich, wie hochmobile Glutlawinen ein Tal bis über 20 m tief auffüllen können (Abb. 146, 147).

Schon bald nach der Beschreibung der Glutlawinen von Martinique interpretierte Völzing (1907) in einer klassischen Arbeit die bimsreichen, massigen, offensichtlich geflossenen Ablagerungen des Brohltaltrass am Laacher See durch Entstehung von Glutlawinen, die sich nach seiner Meinung durch die Täler am Außenhang des Lacher Sees ergossen hatten (43). Weil diese Trassablagerungen bei Plaidt besonders mächtig sind, hatte man bis vor kurzem geglaubt, sie seien aus der Gegend von Fraukirch eruptiert (15). Aber man hatte nicht bedacht, dass Glutlawinen Vulkanhänge sehr schnell hinabfliesen und an den Flanken eher Täler erodieren (Abb. 148) als dort Material ablagern. Sie werden daher meistens am Fuß eines Vulkans mächtiger als an den Hängen.

Die obersten Lagen der Hauptbritzbank stellen wie gesagt die seitlichen dünnen Ablagerungen von Glutlawinen dar, die in den

[Abb. 139] Ignimbritablagerungen (Trass) mit leicht deformiertem verkohltem Baumstamm in der Mitte. Die massigen Ignimbrite entsprechen der oberen Hauptbritzbank. Deutlich zu erkennen sind die grauen dichten Lapilli im Oberteil der Bimslapilliablagerungen zwischen unteren hellen und oberen braunen Ignimbriten. Ausschnitt s. Abb. 140. Bei Nickenich.

[Abb. 140] Nahansicht des verkohlten Baumstamms, der von zwei aufeinander folgenden pyroklastischen Strömen umflossen wurde (horizontale Grenze in der Mitte des Bildes). Bei Nickenich.

[Abb. 141] Nahaufnahme eines Ignimbrits. Bimslapilli „schwimmen" in einer massigen Aschegrundmasse. Münze als Maßstab.

[Abb. 142] Mikroskopisches Dünnschliffbild eines verfestigten Ignimbrits. Die hellen, hochblasigen Bimslapilli „schwimmen" in einer dunklen Grundmase aus kleinen Ascheteilchen aus zerriebenem Bims, Kristallen und Nebengestein. Grube Meurin bei Kruft. Bilddurchmesser 2 cm.

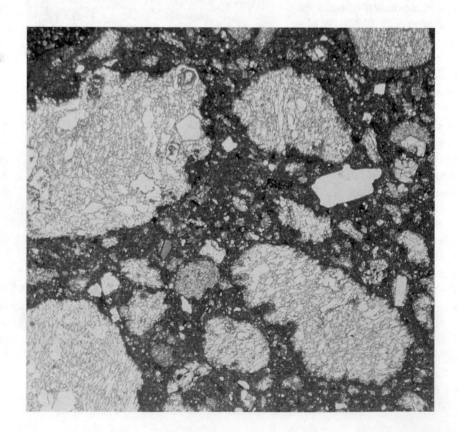

[Abb. 143] Glutlawinen (pyroklastischer Strom) verhüllt von den aufsteigenden Aschenwolken (Glutwolken) am Nordhang des Mount St. Helens (Washington, USA) im Juni 1980.

Tälern, die vom Lacher See weg führen, viele Meter mächtig werden. Dies sind die im Wesentlichen in der Industrie so genannten Trassablagerungen. In den letzten Jahren sind diese Ströme genauer analysiert worden. Die meisten Glutlawinen flossen durch das Gleesertal, Tönissteiner Tal und Pönterbachtal in das große Tal des Brohlbachs, wo sie sich bis zu einer Mächtigkeit von etwa 60 m akkumulierten und bei Brohl den Rhein aufstauten. Doch dazu später mehr. Auch durch die Täler im Osten des Laacher Sees, von Nickenich im Norden bis Mendig im Süden, rasten die Glutlawinen und brachen sich an den Westhängen der Schlackenkegel des Plaidter Hummerich und Korretsberg, wo der Trass sich zu einer Mächtigkeit von über 30 m aufstaute. Bei ihrer Ablagerung

waren die Glutlawinen etwa 400 bis 500 °C heiß. In einigen Gebieten an den steilen Außenhängen der Laacher See-Umwallung haben sich die turbulenten Glutlawinen immer wieder in darunterliegende weiche Lagen eingegraben, sie wiederholt erodiert, vor allem auch kurz vorher abgelagerte Ignimbrite, sie sozusagen kannibalistisch aufgearbeitet (Abb. 148). Erst im flachen Gebiet in der Ebene bei Kruft und Plaidt kamen sie zum Stillstand und bilden dort die mächtigen Trassablagerungen, die z. B. bei Meurin seit langem abgebaut werden.

Glutlawinen entstanden etwa viermal während der Gesamteruption. Die Hauptphase lässt sich mit den oberen leicht braunen Lagen der HBB korrelieren (in unserer älteren Stratigraphie bereits MLST-B genannt). Dies sind

[Abb. 144] Pyroklastische Ströme am Hang des Unzen Vulkans (Kyushu, Japan, 3. 6. 1991).

die mächtigen Ablagerungen im Brohl- und Nettetal. Während der gleichen Eruptionsphase entstanden relativ geringmächtige Ignimbrite, die so genannte Tauchschicht im Mendiger Fächer. Während der Phase MLST-C und -D, einem Übergangsstadium zu ULST, entstanden etwa vier relativ kühle und zähflüssige Fließablagerungen, die sowohl im Nickenicher Fächer auftreten – hier vorwiegend braun – wie auch im Paläotal zwischen Mendig und Kruft, wo sie mit den beiden Schichten AB1 und AB2 wechsellagern und örtlich sehr mächtig sind (Abb. 1, 112). Die kühlsten Ablagerungen von pyroklastischen Stromablagerungen sind den Dünen- und Breccienlagen der oberen Tephra (ULST-A) zwischengeschaltet.

Der Laacher See-Trass stellt die am besten zugänglichen Ablagerungen von Glutlawinen in Mitteleuropa dar. Typisch ist der massige Charakter, d. h. große und kleine Partikel kommen nebeneinander vor. Man sagt, sie sind schlecht sortiert. Das liegt daran, dass die Gemische von unterschiedlich großen Partikeln als Massenstrom geflossen sind. Wären sie durch die Luft geflogen, hätten sie gut sortierte Ablagerungen mit einheitlicher Korngröße gebildet. Die geringe Reibung, auf der die unglaubliche Geschwindigkeit und Ausbreitfähigkeit der Glutlawinen beruht, kann man dadurch erklären, dass die einzelnen Partikel von Gas umgeben sind, das nicht nur aus den entgasenden magmatischen Partikeln stammt, sondern auch an der Stirn einer Glutlawine eingesaugte Luft

[Abb. 145] Gefängniszelle im Zentrum von St. Pierre (Martinique), in der der berühmte Gefangene Cyparis die heißen Glutlawinen im Mai 1902 überlebte.

[Abb. 146] Bei der größten Vulkaneruption im 20. Jahrhundert füllten voluminöse pyroklastische Ströme das später so genannte Tal der 10 000 Dämpfe (Valley of Ten Thousand Smokes – VTTS) in Alaska auf einer Länge von ca. 20 km bis zu einer Gesamtmächtigkeit von ca. 20 m. Die Oberfläche der Ablagerungen (weite Ebene, die gerade von den entferntesten Personen erreicht ist) war so flach, daß der Leiter der ersten Expedition in das abgelegene Gebiet meinte, man könne mit dem Fahrrad darauf fahren. Die 10 000 Dämpfe entstanden durch über 10 Jahre anhaltende Entgasung, deren Zeugen große Fumarolentrichter sind. Katmai Nationalpark (Alaska).

[Abb. 147] Ca. 15 m tiefes Tal in den 1912 eruptierten VTTS Ignimbriten, die aus mehreren Einheiten bestehen, die innerhalb von 24 Stunden ausgeflossen sind. Deutliche Säulenbildung der schwach versinterten Ablagerungen im massigen Unterteil. Katmai Nationalpark (Alaska).

[Abb. 148] Beispiele für die hohe Erosionskraft von Glutlawinen. Person (RV Fisher) mit 2 m Maßstab. Von den 4 Falloutschichten (1–4) ist die untere (1) aus mehreren Lagen bestehende (LLST) durch Glutlawinen (a), welche die Hauptmasse des Trass bei Kruft-Plaidt sowie im Brohltal darstellen, flach erodiert worden (unterer Pfeil). Diese, an vielen Stellen mehrere m mächtig (Abb. 120), haben in diesem Paläotal im wesentlichen erodiert und wurden nicht abgelagert. Glutlawinenablagerungen (b) wurden teils abgelagert, teils haben spätere Partikelströme die vorangehenden Ablagerungen wieder erodiert. Auch die mächtige Falloutlage (2) sowie einige der Glutlawinenablagerungen wurden durch nachfolgende Partikelströme wieder erodiert. An anderer Stelle sind auch diese Glutlawinenablagerungen mehrere m mächtig (Abb.120). Falloutlagen (3) und (4) (stratigraphisch AB1 und AB2, s. Abb. 1) ziehen mit gleichmäßiger Mächtigkeit durch und werden konkordant von Ignimbriten (d) überlagert. Diese Schichtenfolge wird von den mächtigen grauen ULST Ignimbriten und groben Lagen tief erodiert (e), während die obersten Glutlawinenablagerungen (f) das Gelände wieder einebnen. Darüber folgen die späteren ULST Ablagerungen. Bimsgrube zwischen Mendig und Nickenich. Photo von 1971.

enthält. Wenn die innere Reibung zu groß wird, weil das Gas entwichen ist, kommt die Glutlawine zum Stillstand. Zehn Jahre nach der Eruption der Montagne Pelée brach der Vulkan Novarupta in der Nähe des Katmai in Alaska aus, dessen berühmte Ablagerungen das „Tal der Zehntausend Dämpfe" aufgefüllt hatten. Man hatte ursprünglich geglaubt, diese Dämpfe stammten aus einer unter der Glutlawine liegenden entgasenden Magmakammer, aber später gemerkt, dass die Gase allein aus den Ablagerungen der Glutlawinen aufgestiegen waren. Hinweise auf derartige Entgasungen sind z.B. so genannte Entgasungskanäle, in denen die feine Asche ausgeblasen ist. Bei Plaidt und im Brohltal sind sie relativ häufig, insbesondere über den zahlreichen verkohlten Baumstämmen, die von den Glutlawinen mitgerissen und viele Kilometer weit mittransportiert wurden, aber in einigen Gebieten den Aschenströmen standhielten (Abb. 139, 140). Sie fingen offensichtlich in den heißen Aschenlawinen an zu verbrennen bzw. unter Luftabschluss zu verkohlen und die nach oben steigenden Gase, vor allem Wasserdampf, bliesen die feine Asche aus, so dass sich oft kaminartige Anhäufungen von groben Partikeln über derartigen Baumstämmen finden.

Der Oberbims

Die Entwicklung der Laacher See-Eruption nach dem unruhigen Übergangsstadium der Hauptbritzbank, während der sich der Krater nach Norden verlagerte, war holprig. Direkt über der Hauptbritzbank folgte wieder ein kürzeres Intervall mit einer weit verbreiteten Bimslapillilage, überlagert von der oberen Britz (OBB) sowie eine Lage mit akkretionären Lapilli. Mit anderen Worten, die Eruption hatte noch nicht wieder richtig Tritt gefasst. Aber dann war es so weit und der nun frei geräumte Schlot erlaubte sehr hohe Förderraten der gesamten Eruption. Während dieser dritten Phase (MLST-B/-C) wurde die Hauptmasse des LS-Magmas in mehreren Schüben eruptiert. Es entwickelten sich die – nach der LLST – höchsten Eruptionssäulen während der gesamten Eruption mit vermutlich mehr als 30 km Höhe. Die während dieser Phase abgelagerten Bimslagen enthalten auch die größten Bimsbomben.

Gegen Ende der MLST, d.h. des Oberbimses, änderten sich Form, Dichte und Kristallgehalt der Bimse plötzlich. Die oberste Schicht ist grau, viele Phonolithlapilli sind nicht mehr hochaufgebläht, sondern dicht und eckig und enthalten auch mehr Kristalle. Vermutlich hatte Wasser Zutritt zur Magmakammer und die jetzt „angezapften" kristallreichen und gasärmeren Magmaschichten konnten allein durch Entgasung nicht mehr zerrissen werden, sondern wesentlich durch thermischen Schock bei Zutritt von Grundwasser. Nach dieser Schicht folgte wieder ein Intervall, in dem Glutlawinen gefördert wurden. Die charakteristischen braunen Ignimbrite, häufig im

[Abb. 149] Die LST-Abfolge ist bei Meinborn, 23 km östlich vom Laacher See, noch ca. 2,2 m mächtig. Die Haupteinheiten LLST (basale Bimslapillischichten unter der feinkörnigen HBB), MLST (helle Bimslapillischichten über der HBB) und dunkle ULST sind gut zu erkennen. Der Oberteil des Profils besteht aus umgelagerten LST. Maßstab 2 m.

[Abb. 150] Oberteil der LLST bei Heimbach-Weis (20 km östlich vom Laacher See) direkt unter der HBB. Bimslapilli sind relativ stark gerundet.

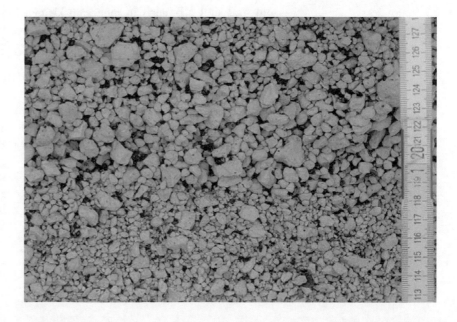

Gebiet zwischen Nickenich und Mendig (s.u. Abb. 165), waren offensichtlich nicht besonders heiß und vermutlich auch mit etwas Wasser(-dampf) vermischt, weil sie häufig relativ abrupt auskeilen, also relativ zähflüssig waren. Sie stellen den Übergang zwischen MLST und ULST dar. Die Falloutschichten in diesem Zwischenintervall bestehen aus sehr unterschiedlichen z. T. gerundeten Bimsen, was vermutlich dadurch bedingt war, dass immer wieder Tephramassen in den jetzt tiefen Schlot stürzten und wiederaufgearbeitet wurden.

Endphase – wieder Feuer und Wasser: Die Obere Laacher See Tephra (ULST)

BESUCHER DER BERÜHMTEN Wingertsbergwand, für deren Erhalt wir uns seit den 1970er-Jahren eingesetzt haben und die schließlich unter Schutz gestellt wurde, werden vor allem beeindruckt und verwirrt sein von den für den Laien chaotisch anmutenden, unruhig geschichteten Ablagerungen (Abb. 1, 121, 151). Diese Schichten im oberen Wandsegment, früher Graue Tuffe genannt, bestehen aus vielen rhythmischen Wiederholungen von massigen *Aschenstromablagerungen*, mittelkörnigen und schräggeschichteten *Dünenablagerungen* sowie grobkörnigen *Breccienlagen*. ULST-Ablagerungen sind in der nahen Umgebung des Laacher Sees bis über 30 m mächtig und bilden den Hauptteil der Hügellandschaft zwischen der Wingertsbergwand und dem Laacher See („Scharfe Knüppchen") (Abb. 1). Sie bilden rings um den Laacher See die obersten Schichten und sind z. B. auch in mehreren kleinen Gruben bei Glees aufgeschlossen.

Insgesamt kann man die ULST-Ablagerungen dreiteilen: eine untere grobkörnige Schichtenabfolge (ULST-A), eine mittlere, die aus relativ weit verbreiteten, feinkörnigen, gut geschichteten bis laminierten Ablagerungen besteht (ULST-B), und eine späte Phase (ULST-C), deren Tuffe sehr feinkörnig sind. Die ULST-Lapilli sind grau, extrem kristallreich, dicht und mit sehr viel Nebengestein und gröber kristallisierten Gesteinen von den langsam auskristallisierten Wänden der Magmakammer vermischt (Abb. 152–157). Die subvulkanischen bis plutonischen sowie die kontaktmetamorphen Gesteinsfragmente, für die die LSE berühmt ist, stammen überwiegend aus den ULST-Ablagerungen.

Schrägschichtungsstrukturen kann man besonders an einer Wand senkrecht zur Wingertsbergwand erkennen, die parallel zur Transportrichtung vom Laacher See verläuft (Abb. 121, 151). Denn diese Schichten wurden nicht durch Fallout aus hohen Eruptionssäulen abgelagert, sondern durch sehr energiereiche, turbulente Bodenströme, die *Base Surges*. Diese Ablagerungen wurden in der älteren Literatur als Verwehungen durch Stürme während einer Kaltzeit interpretiert. Entscheidend für ein Verständnis ihrer Entstehung ist aber, dass die Transportrichtung, die man aus der Geometrie dieser Dünenablagerungen ableiten kann, immer radial vom Laacher See-Becken wegführt und zwar rings um das gesamte Becken. Unsere Berechnungen zu Anfang der 1970er Jahre haben gezeigt, dass die Transportgeschwindigkeit dieser Base Surges sehr hoch war. Das kann man rein qualitativ schon daran sehen, dass die steilen Flanken der Dünen in Richtung Laacher See zeigen, während die steilen Flanken bei z. B. in Flüssen gebildeten Dünensanden immer stromabwärts ausgerichtet sind. Die ULST-Dünen sind so genannte *Antidünen*, die sich in hochenergetischen Partikelsystemen bilden.

Die Dünenablagerungen selbst wechseln mit groben Schichten ab, die auf den ersten Blick wie Falloutlagen aussehen. Bei näherer Betrachtung wird aber klar, dass diese Lagen an den Dünenkämmen dünner und feinkörniger werden. Außerdem sind plattige Schieferfragmente dachziegelartig eingeregelt. Es besteht kein Zweifel: auch diese groben Lagen sind überwiegend horizontal transportiert worden, vermutlich wurden sie durch eine Art *Jet* aus dem Krater herausgeschossen.

Der dritte Schichttyp der ULST-A ist leichter zu interpretieren. Die massigen Schichten gleichen das unruhige, durch die Dünen produzierte Oberflächenrelief immer wieder aus und schaffen so eine einigermaßen ebene Fläche. Diese Schichten gehören auch zu der grossen Gruppe der Glutlawinen, die aber sehr kühl und feucht waren, langsam flossen und nicht sehr weit kamen. In der Wolfsschlucht im Tönnissteiner Tal stellen sie die obersten Schichten dar. Ob sie das Brohltal je erreichten oder dort schon erodiert worden sind, ist ungewiss. Da die ULST-Ablagerungen vor allem in Bodennähe transportiert wurden, werden sie mit zunehmender Entfernung vom Laacher

See schnell dünner, sie keilen aus. Das gilt vor allem für die ULST-A Ablagerungen, weniger deutlich für die fein geschichteten bis laminierten ULST-B Tuffe.

Wie kann man den drastischen Unterschied zwischen den bimsreichen Falloutschichten der MLST-B, -C und -D und den dichten Lapilli der ULST mit ihren völlig andersartigen Ablagerungsstrukturen erklären? Das Restmagma, das nach Ende der MLST-D-Phase im unteren Abschnitt der Magmakammer zurückblieb, konnte offensichtlich nicht mehr „normal" eruptiert werden. Es kam daher zu einer längeren Eruptionspause zwischen MLST-D und ULST. Die letzte kraftvolle Eruptionsphase scheint vor allem durch Wasserzufuhr in die teilentleerte Magmakammer bedingt zu sein, denn durch die Zähflüssigkeit und den vermutlich niedrigen Gasgehalt des extrem kristallreichen Magmas wäre eine rein magmatische Eruption wohl nicht mehr möglich gewesen. Die dichten, blumenkohlartigen ULST-Lapilli sind typisch für die Abschre-

ckung von Magma. In Hunderten von besonders heftigen Explosionspulsen wurden die schweren Partikel in hochenergetischen Druckwellen (*Blasts*) herausgeschleudert. Die Wechselwirkung mit Grundwasser kühlte das Magma und das eruptierende Gas-Tephragemisch zunehmend ab, so dass die entstehenden Eruptionssäulen nicht sehr hoch steigen konnten und mit der Zeit dichter und schwerer wurden und schneller in sich zusammenfielen. Insgesamt war der Eruptionsablauf dieser Hauptphase (ULST) ausweislich der sehr variablen Ablagerungen sehr kompliziert.

Gegen Ende der Gesamteruption nahm die Förderenergie ab. Das Magma und das in den Hohlraum gestürzte Nebengestein (tertiäre Tone, devonische Gesteine) wurden von magmatischen Gasen und Wasserdampf in größeren Tiefen zerrieben. Die so entstandenen feinkörnigen Aschen wurden in relativ schwachen Ausbrüchen gefördert, stiegen in niedrigen Eruptionssäulen auf und wurden in höheren Luftschichten transportiert. Diese so genann-

[Abb. 151] Detailaufnahme der Dünenschichtung (Base surge-Ablagerungen) in den ULST. Transportrichtung von links (Laacher See Krater) nach rechts. Wellenlänge der Dünen ca. 14 m, Amplitude ca. 1 m. Die Hauptdünenhorizonte unten werden in der Mitte des Fotos von laminierten Schichten überlagert, diese von oberen Dünen und am Top von einem massigen Tephrastrom der Spätphase. Wingertsberg bei Mendig.

[Abb. 152] Mikroskopisches Dünnschliffbild eines subvulkanischen, Gestein, das aus langsam abgekühlten Laacher See Magma auskristallisierte und mit den vulkanischen Partikeln ausgeworfen wurde. Die hellen und grauen Kristalle sind Feldspäte. Das farbige Band besteht aus einer Ansammlung von Pyroxenkristallen. Teilpolarisiertes Licht. Bilddurchmesser 3 cm.

ten *grünen Silte* (ULST-C) (Abb. 128) sind daher relativ weit verbreitet und im ganzen Neuwieder Becken zu finden.

Während der Unterbims und der Oberbims wohl in Analogie zu historisch ähnlichen, so genannten plinianischen explosiven Eruptionen relativ schnell, d.h. innerhalb von wenigen Tagen gefördert wurden – das Zeitintervall der Hauptbritzbank war wahrscheinlich die größte zeitliche Zäsur, auch wenn seine Dauer nicht abzuschätzen ist – dauerte das Intervall, während der die sehr unterschiedlichen Schichten der Oberen Laacher See Tephra abgelagert wurden, nach heutigen Erkenntnissen wahrscheinlich mehrere Monate, möglicherweise bis in das nächste Jahr nach der Eruption. In dieses Eruptionsintervall fällt auch der Kollaps des im nächsten Kapitel diskutierten Tephradammes bei Brohl, eine Phase, die man recht gut in der Schichtenabfolge markieren kann. Jedenfalls erfolgte der Dammbruch noch vor Ende der Eruption.

[Abb. 153] Vergrößerung der Lage aus Pyroxenkristallen. Durchlicht. Bilddurchmesser 1,5 cm.

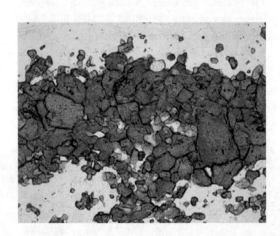

[Abb. 154] Stärkere Vergrößerung der Lage aus Pyroxenkristallen und hellen Apatitkristallen. Durchlicht. Bilddurchmesser 0,5 mm.

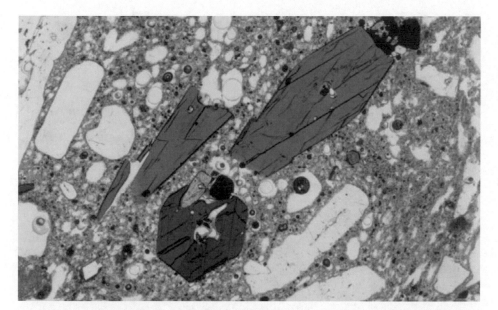

[Abb. 155] Mikroskopisches Dünnschliffbild von einem kristallreichen ULST Lapillus. Der grosse dunkle längliche Kristall (Amphibol) ist 1,5 mm lang. Die hellen Kristalle sind Feldspäte. Der rundliche dunkle Amphibolkristall am unteren Bildrand enthält Einschlüsse von Apatit, Fe/Ti-oxid und Titanit.

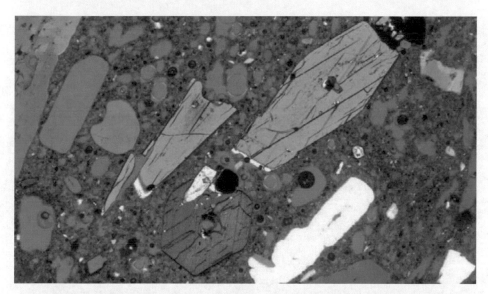

[Abb. 156] Wie Abb. 155, aber teilpolarisiertes Licht.

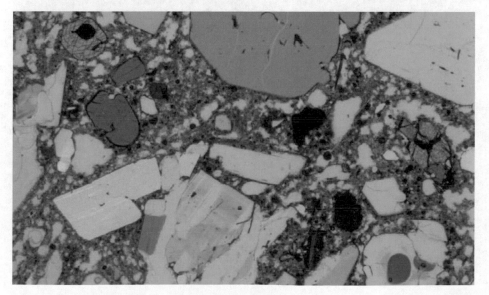

[Abb. 157] Mikroskopisches Dünnschliffbild (4 mm Durchmesser) von kristallreichem ULST Lapillus. Kristalle sind überwiegend Feldspäte (Sanidin und Plagioklas) sowie Amphibol, Fe/Ti-oxide, Apatit und Hauyn.

6. HIMMEL UND ERDE

*»Die Ausbrüche der Vulkane, die Erdbeben und Senkungen
mancher Erdstriche müssen allerdings einen ziemlichen Theil
der Erdoberfläche umgekehrt haben; Seen und Flüße sind
ausgetrocknet, Städte verschlungen; Inseln gebildet und ganze
Länder von einander getheilt worden.«*

Voltaire, Voltaire's Denkwürdigkeiten der Natur.
Berlin und Leipzig bei Benedikt und Söhne, 1786

H.-U. Schmincke, *Vulkane der Eifel*, https://doi.org/10.1007/978-3-8274-2985-8_6

DAS KLASSISCHE HERBSTGERICHT meiner lippeschen Heimat – Äpfel (Himmel), Kartoffeln (Erde), Zwiebeln und gebratene Blutwurst, ein Gericht, das – wie viele regionale Spezialitäten – Außenstehenden zumindest eigenartig vorkommt, ist hier nicht gemeint. Himmel und Erde sind die ausschließlich bei großen Vulkaneruptionen nachhaltig betroffenen Großräume der Erde und ihrer Lufthülle. Es gibt kein anderes natürliches Großereignis – weder Erdbeben noch Überschwemmungen –, dessen Auswirkungen von der Erdkruste bis in die untere Stratosphäre reichten, keines mit derart globaler oder zumindest hemisphärischer Reichweite. Mit Himmel meine ich nicht die unteren Luftschichten, die *Troposphäre*, entlang deren oberer Grenze die Flugzeuge ihre Bahnen ziehen, und deren Flug, würde der Laacher See-Vulkan heute so ausbrechen wie damals, massiv gestört wäre; vor 12 900 Jahren gab es davon noch nicht so viele. Die *stratosphärischen* Luftschichten oberhalb der Troposphäre sind gemeint, in denen die Schwefelgase zu den Polen wandern, klimawirksame *Aerosole* bilden and Starkregen auslösen; doch davon später mehr.

Bis jetzt haben wir gesehen, wie sich die Eruption des Laacher See-Vulkans immer wieder drastisch veränderte, mit heftigen und kleinen Ausbrüchen, Fallout, Glutlawinen, kurzen und längeren Pausen und so weiter. In diesem Kapitel geht es zunächst um die Erde, genauer das Wasser. Vegetation, Häuser usw. an der Erdoberfläche können bei Vulkanausbrüchen zerstört, ausradiert oder zumindest viele Meter tief verschüttet werden. Aber die von aktiven Vulkane in der Nähe von Wasser – Seen, Flüsse, Meer – ausgehenden Gefahren sind immer besonders drastisch. Wasser in der Nähe großvolumiger Vulkaneruptionen bedeutet eine Vervielfachung der Auswirkungen. Große Eruptionen oder riesige Bergstürze auf Ozeaninseln – was z. B. bei allen kanarischen Inseln im Verlauf ihrer Entwicklung mehrfach passierte –, können gewaltige Tsunamis mit verheerenden Auswirkungen auslösen – wie beim Ausbruch des Krakatau 1883. Ein nahe gelegener großer Fluss, der fließt und fließt, wird plötzlich und über viele Stunden und Tage von enormen Mengen von Bims, Asche und Gesteinsstückchen aus der Luft oder durch Bodenströme überschüttet. Es gehört nicht viel Phantasie dazu, sich vorzustellen, dass die Auswirkungen der Eruption des Laacher See-Vulkans auf den Rhein und die Rheinauen im Neuwieder Becken dramatisch gewesen sein müssen.

Die Auswirkungen des im Folgenden geschilderten großen Sees, der sich im Rhein während der Eruption bildete, die auf den

[Abb. 159] Die Glutlawinen, die am Ende der MLST-A Phase durch Seitentäler vom Laacher See Becken weg rasten und sich im Brohltal vereinigten, blockierten den Rhein bei Brohl vollständig und leiteten damit die grosse Seephase ein. Nach Ablagerung der ULST-A Tephra wurde der Damm instabil und kollabierte. Eine Schicht aus reinem Bims, die als Bimsfloß – hier etwa 14 m über dem heutigen Rheinspiegel – den See bedeckt hatte, blieb nach Ablauf des Wassers auf ULST-A liegen. Unruhige Schichten im Oberteil des Bildes sind Teil eines posteruptiven Schwemmfächers. Grube Kann zwischen Engers und Weis (rechtsrheinisch).

[Abb. 158] Die Gewalt der durch den Bruch der Koblenzer Dämme ausgelösten Flutwellen war so groß, dass sie sogar auf den Auenbereichen weit oberhalb der Rheinrinnen große Segmente aus primären Falloutablagerungen unterspülten und als riesige schwimmende Blöcke mit sich fortrissen. Die Unterspülung erfolgte bevorzugt oberhalb der Aschenschichten der HBB, die eine wasserundurchlässige Grenzschicht bildeten. Hier sieht man ein von der Flut noch nicht vollständig abgelöstes, aber bereits verrundetes Tephrasegment. Meist verbirgt sich in solch primären Relikten ein verschütteter Baum, der quasi als Anker deren Wegspülen verhinderte. Bimsgrube bei Kettig. Pfeile zeigen Hohlformen der Äste eines Busches.

ULST-B, C

Bimsfloß

ULST-A

Dammbruch bei Brohl rheinabwärts rasenden Fluten sowie die durch den Klimaimpakt ausgelösten Umlagerungen haben, wie aus einschlägigen Quellen bekannt, auch diejenigen Politiker motiviert, die vor geraumer Zeit erfolgreich für den Umzug der Bundesregierung von Bonn nach Berlin plädierten. Denn würde das gleiche heute passieren, würde auch das damalige Abgeordnetenhaus, der Lange Eugen, „nasse Füße" bekommen. Begriffe wie „Vulkangefahr" oder „Vulkankatastrophe" vermeide ich allerdings, denn sie sind höchst problematisch und entsprechen schon lange nicht mehr einem vernünftigen und zukunftsweisenden Naturverständnis. Vulkane sind von Natur aus nicht gefährlich, aggressiv, wütend oder wie immer die auch heute noch durch diverse Medien geisternden Begriffe heißen. Vul-

kane werden nämlich nur dann – für die Menschen (!) – gefährlich, wenn diese zu dicht in ihrer Umgebung siedeln und sich nicht rechtzeitig vor Ausbrüchen schützen. Wenn Siedlungen in den Rheinauen oder in den Uferbereichen anderer Flüsse oder Bäche im Lande bei Hochwasser zerstört werden, ist nicht der böse Fluss schuld, sondern die uneinsichtigen Menschen (Behörden), die vor den ganz normalen dynamischen Schwankungen der Natur ihre Augen verschließen. Doch der Reihe nach.

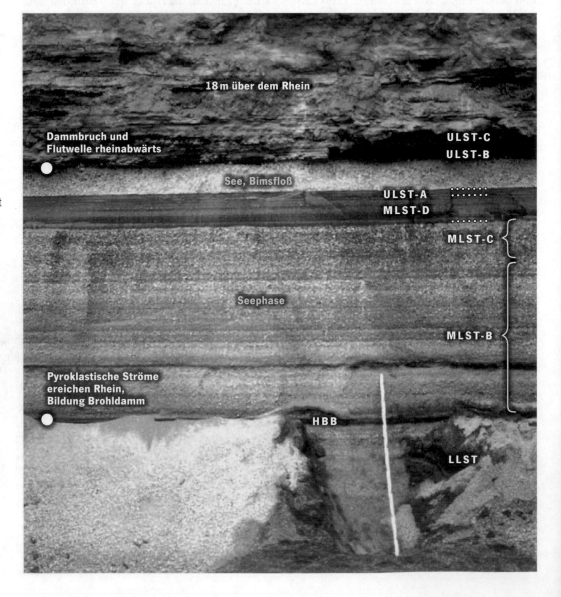

[Abb. 160] Eine ca. 40 cm mächtige Bimsfloßschicht liegt hier – etwa 18 m über dem heutigen Rheinspiegel – auf dem Großteil der gesamten LST-Abfolge, einschließlich ULST-A. Die helle Farbe zeigt an, dass die Bimse aus den unteren weißen Bimslapilli-schichten (LLST und MLST-B) stammen, in der Bimslapilli extrem porös sind, wie Korken an die Wasseroberfläche stiegen und daher an den meisten Stellen das Hauptmaterial des Bimsfloßes bilden. Nachdem der See als Flutwelle rheinabwärts gerast war, wurde die helle saubere Bimsschicht gegen Ende der Haupteruptionsphase von ULST-B und -C Tephra überlagert. Heimbach-Weis (rechtsrheinisch) (28).

[Abb. 161] Mehrstufige Entwicklung der Aufstauung des Rheins, Bildung von Seen und Dammbrüchen. Während der ersten LLST Phase bildeten sich episodisch temporäre Dämme bei Koblenz. Nachdem der Rhein bei Brohl durch die mächtigen Glutlawinenablagerungen blockiert worden war, staute sich ein See hinter dem Damm auf, erst schnell dann langsamer. Dieser See reichte im Endstadium möglicherweise bis ins Oberrheintal. Am Beginn der Ausbruchsphase ULST-B brach der Damm (28).

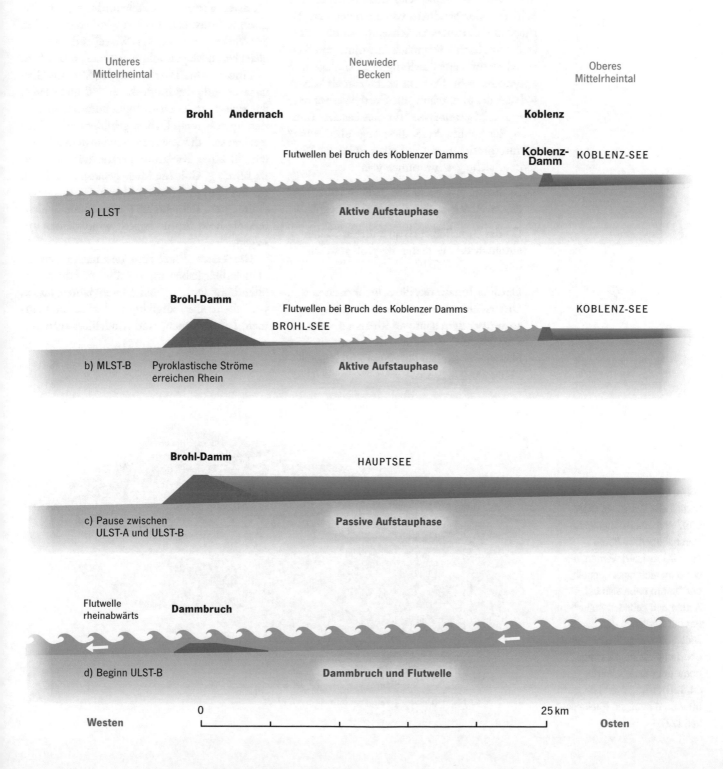

Unteres Mittelrheintal

Neuwieder Becken

Oberes Mittelrheintal

Brohl   Andernach

Koblenz

Flutwellen bei Bruch des Koblenzer Damms

Koblenz-Damm   KOBLENZ-SEE

a) LLST   **Aktive Aufstauphase**

Brohl-Damm

Flutwellen bei Bruch des Koblenzer Damms

KOBLENZ-SEE

BROHL-SEE

b) MLST-B   Pyroklastische Ströme erreichen Rhein   **Aktive Aufstauphase**

Brohl-Damm

HAUPTSEE

c) Pause zwischen ULST-A und ULST-B   **Passive Aufstauphase**

Flutwelle rheinabwärts   **Dammbruch**

d) Beginn ULST-B   **Dammbruch und Flutwelle**

0   25 km

Westen   **Osten**

Der Rhein erstickt

AM ANFANG DES veritablen Krimis stand nicht die Idee sondern der Tatort. Vor gut zwanzig Jahren war mir eine merkwürdige Bimslage in Aufschlüssen bei Kaltenengers in der Nähe des Rheins aufgefallen (Abb. 159, 160). Diese Lage bestand aus reinem Bims, d.h. enthielt keine Gesteinsfragmente aus Schiefer oder Sandstein wie die Schichten darüber und darunter. Gleichzeitig war die Bimslage sehr gleichmäßig mächtig, konnte also keinesfalls durch Auswaschung oder Umlagerung entstanden sein. Da Bims leichter ist als Wasser – daher der alte, schon von Goethe verwendete Begriff „*Schwemmsteine*" für den Laacher Bims – lag der Schluss nahe, diese Lage als *Bimsfloß* zu interpretieren, das auf einer größeren Wasseroberfläche geschwommen war.

- Es musste also einen See gegeben haben, bei dessen Ablassen eine Bimslage zurückblieb.

- Da das Bimsfloß auch an anderen Stellen auftauchte, musste der See groß gewesen sein.

- Darüber hinaus trat die Schicht nach den Untersuchungen von Conny Park bis über 30 m über dem heutigen Rhein auf – der See musste also die Auen des gesamten Neuwieder Becken überflutet und längere Zeit stagniert haben.

- Da diese saubere Bimslage schließlich auch noch von den letzten primär abgelagerten Tephraschichten der Eruption überlagert war, musste sich der See noch vor dem Ende der Eruption gebildet haben – und auch noch vor seinem Ende wieder verschwunden sein!

Eine wirklich abenteuerliche Vorstellung! Ein Desaster allererster Größenordnung für das gesamte Neuwieder Becken würde der Laacher See-Vulkan in ähnlicher Weise und mit vergleichbaren Magmavolumen heute ausbrechen.

Eine enorme Puzzlearbeit lag vor uns. Die nächste Stufe der Entdeckung ließ nicht lange auf sich warten. Denn logischerweise musste sich irgendwo ein Damm gebildet haben, hinter dem sich die Wassermassen aufstauen konnten. In einer Kiesgrube gerade nördlich von Bad Breisig, Goldene Meile genannt, fand sich ein eindeutiger Hinweis über alten Hochflutsedimenten: Rein aus LST bestehende Schichten, die hohe Strömunggeschwindigkeiten anzeigen.

Die ersten Ergebnisse der nachfolgenden Detailarbeit haben wir vor über 10 Jahren veröffentlicht (27). In den letzten Jahren haben vor allem die sorgfältigen Geländeaufnahmen, Laborversuche und Modellierungen von

[Abb. 162] Dreidimensionales Modell des Stausees. Diese 1997 von uns veröffentliche Darstellung muß heute insofern revidiert werden, als wir seinerzeit noch dachten, der Damm habe sich bei Andernach gebildet. Außerdem hat der See nach den neuen Daten ein viel größeres Gebiet überflutet als damals angenommen (heutige Werte: ca. 120 km², maximal ca. 30 m über dem heutigen Rheinspiegel) (27).

Cornelia Park im Rahmen ihrer Dissertation weiteres Licht ins Dunkel gebracht (28). Der Krimi erwies sich als noch vertrackter als zunächst angenommen. Es gab nicht nur einen See – sondern mehrere. Und folgerichtig nicht nur einen Staudamm bei Brohl – sondern kurzlebige Aufdämmungen bei Koblenz. Und erst das wiederholte Zusammenbrechen der Koblenzdämme ließ den großen See flussaufwärts von Brohl langsam wachsen. Aber der Krimi ist noch nicht ganz gelöst. Wir forschen weiter.

Koblenz unter Wasser

Koblenz unter Wasser – das passiert alle paar Jahre, wenn große Hochwasserwellen von der Mosel und/oder dem Rhein den niedrig gelegenen Teil der Stadt fluten. Der Rhein windet sich dann in einem großen Bogen durch das Neuwieder Becken über weite Strecken mehr Ost nach West orientiert fließend, bis er bei Andernach das Becken wieder verlässt. Hier ist der Rhein nur ca. 10 km, bei Koblenz ca. 23 km

vom westlich gelegenen Laacher See-Vulkan entfernt.

Die gesamte Aue beidseits des Rheins war vor der Laacher See-Eruption bis auf den Hauptarm und mindestens zwei Seitenarme trockenes Land. Denn die ersten Bimsregen im tieferen Neuwieder Becken fielen auf einen mit Pflanzen bewachsenen Erdboden. Die gewaltigsten Tephraregen fielen im Neuwieder Becken – die Achse der Hauptmächtigkeit verläuft östlich des Laacher See-Beckens über Weißenthurm –, wo die Tephraschichten noch bis zu 5 m mächtig sind, denn die Hauptwindrichtung verdriftete die Eruptionswolken nach Osten. Aber die Überschüttungen des Rheins und seiner bis vor der Eruption trockenen Altarme kamen nicht nur aus der Luft. Stoßweise wurden riesige Bimsmassen sowohl vom Rhein flussaufwärts von Koblenz wie von der Mosel in die Rheinauen im Neuwieder Becken eingeschwemmt. All dies führte schnell zu einer extremen Überfrachtung des Rheins, die ausreichte, um den Fluss während der Eruption

[Abb. 163] Laacher See Tephra wurde bis nach Südschweden und Norditalien transportiert (kleine Karte). Die roten Linien zeigen die Mächtigkeit der Gesamtablagerungen bei der kleinen Karte in cm, bei der großen in m. Pyroklastische Ströme (dunkelrot) erreichten vermutlich an zwei Stellen den Rhein. Am Ausgang des engen Brohltals bildeten sie einen etwa 60 Meter hohen Damm, der den Rhein komplett abriegelte (28).

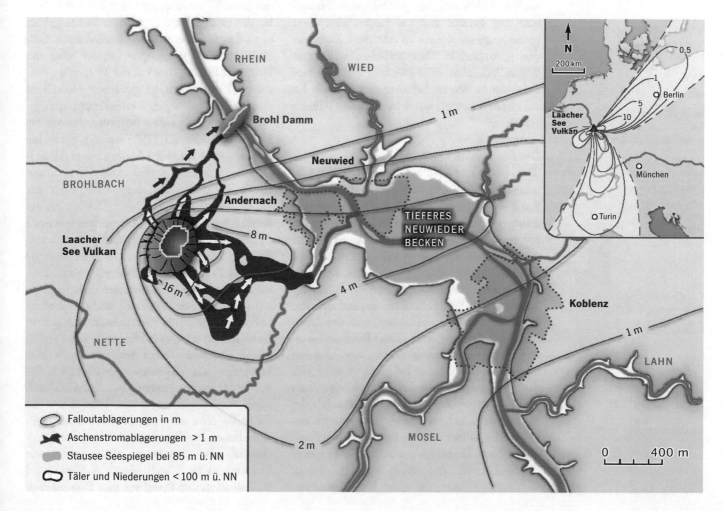

mehrmals temporär aufzustauen (Abb. 161).
Schon kurz nach Beginn der Eruption hatten
sich dann erste Stauseen bei Koblenz gebildet.
Die Dämme waren aber jeweils nur solange
stabil, wie neues Material angeliefert wurde.
Es dauerte immer einige Zeit, bis sich ein
Damm aus zusammengeschwemmtem Bims
und abgesunkenen Gesteinsfragmenten bilden konnte. Durch die Aufstauung verringerte
sich natürlich die Fließgeschwindigkeit des
Rheins. Die instabilen Dämme brachen von
Zeit zu Zeit, vor allem in Pausen während der
Eruption. Riesige Wassermengen rasten nach
den Dammbrüchen zunächst mit hoher Geschwindigkeit durch Hauptarm und Altarme
flussabwärts. Enorme Tephramassen wurden
dabei flussabwärts immer wieder vollständig
aus den Rinnen des Rheins geräumt. Blöcke
von Falloutbims von mehreren Kubikmetern
Größe wurden unterspült und losgerissen. Die
Geschwindigkeit der talabwärts rasenden Wassermassen wurde abgebremst, als sie die durch
den Damm bei Brohl aufgestaute Seefläche erreichten (Abb. 161). Ein gut definiertes Haupt-
bett des Rheins war zu diesem Zeitpunkt
schon lange nicht mehr zu erkennen. Zwischen
den episodischen Dammbrüchen wanderten
Wasserläufe eher träge hin und her und ver-
sickerten in den meterhohen Bimsmassen bis
ein neuer Dammbruch wieder tiefere Rinnen
ausfräste.

Der Staudamm bei Brohl

Wie oben kurz erwähnt, hatte sich bei der Ein-
mündung des Brohlbachs in den Rhein gegen
Ende des Hauptbritzbank-Stadiums ein gewaltiger Staudamm quer zum Rhein gebildet,
der den Fluss radikal abdämmte. Beim Eintritt
in den Rhein muss es gewaltige Explosionen
gegeben haben, denn die Glutlawinen waren mehrere hundert Grad heiß, vielleicht bis
über 400 °C. Wahrscheinlich konnte sich der
Damm nur deshalb auftürmen, weil der Rhein
stromaufwärts inzwischen seine Fließgeschwindigkeit drastisch reduziert hatte, sowohl durch
die temporären Dämme bei Koblenz wie durch
die Tephramassen, die auf die gesamten Auen
gefallen waren. Das Rheintal im Bereich der
Brohltalmündung wurde also komplett abge-
riegelt. Erst diese bis über 60 m hohe und aufgrund ihrer Breite auch sehr stabile Blockade
ermöglichte die Aufstauung eines tiefen und
weitflächigen Sees im Bereich des Neuwie-

der Beckens, der viele Wochen Bestand hatte
(Abb. 161–163). Unter einem so riesigen See
wären, wenn er sich heute bei einer erneuten
Eruption bilden würde, die Städte Neuwied
und Andernach weitgehend verschwunden,
nur Kirchtürme und die höchsten Gebäude
hätten aus den Fluten geragt. Auch das Kern-
kraftwerk Mühlheim-Kärlich wäre weitgehend
in den Wassermassen verschwunden. Während
der maximale Seespiegel vermutlich 85 m über
NN erreichte – 33 m über dem heutugen Rhein
– zeigen Modellierungen, dass der Rückstau
möglicherweise bis in den Oberrheingraben,
also bis 140 km stromaufwärts vom Damm
reichte.

Dammbruch und Verwüstung des Rheintals

Der Rhein war nun auf einer Strecke von vielleicht über 100 km zum See geworden, allerdings nicht lange. Denn so ein relativ schnell
aufgebauter Damm aus lockerem Material ist
natürlich äußerst instabil. Dazu kommt der
enorme Druck der gewaltigen Wassermassen
des Sees. Es war also nur eine Frage der Zeit,
bis der Damm brechen musste. Heute gehört
es zu den allerdringlichsten Maßnahmen nach
einer großen Vulkaneruption in der Nähe von
Seen und Flüssen, die bei der Eruption gebildeten Dämme in nahe gelegenen Flusstälern
abzureißen – wo es geht – oder sie zu untertun-
neln. Nach dem großen Ausbruch des Mt. St.
Helens (Washington, USA) am 18. 5. 1980 – bei
dem nur ein Fünftel der Magmamasse der Laacher See-Eruption gefördert wurde – hatten
Glutlawinen und ein riesiger Bergsturz das
Tal des Toutle River blockiert. Der Spiegel des
Spirit Lake am Fuß des Vulkans war um 60 m
(!) gestiegen, auch durch gewaltige Felsmassen,
die in den See gerast waren. Das amerikanische
Corps of Engineers grub erfolgreich einen Tunnel von 3 m Durchmesser durch das Nebengestein, um den See abzulassen und damit einen
unkontrollierten Dammbruch zu verhindern;
Kostenpunkt etwa 30 Millionen US-$.

Der Dammbruch bei Brohl löste gewaltige
Flutwellen aus, die mit hoher Geschwindigkeit rheinabwärts rasten. Bei der Goldenen
Meile 6 km flussabwärts vom Damm war die
Flutwelle etwa 10–12 m hoch. Ein außerge-
wöhnliches Hochwasser erreichte dort 1926
ebenfalls die 11 m-Marke. Der gravierende
Unterschied ist jedoch, dass der Rheinkanal
stromabwärts von Brohl vor dem Dammbruch

bis auf das Wasser der wenigen seitlichen Zuflüsse praktisch komplett leer war und sich daher eine 12 m hohe Wasserwand urplötzlich rasendschnell flussabwärts bewegte. Da das Rheintal in Richtung Damm enger wird, war die Wasserwand dort noch wesentlich höher. Der oben erwähnte, inzwischen leider verfüllte Aufschluss bei Bad Breisig (Goldene Meile) zeigte früher zeigte früher bei sehr schneller Strömung abgelagerte Schichten, die rein nur aus LST bestanden. Asche und Lapilli der unterschiedlichen Stadien der Eruption waren stark vermischt. Ablagerungen von Flutwellen, die beim Dammbruch entstanden, haben Frau Park und ich bis nördlich Bonn in verschiedenen Aufschlüssen gefunden. Möglicherweise sind die Flutwellen noch in Ablagerungen in Holland nachzuweisen.

Ein erstes Durchatmen

AN DRAMATIK HATTE die Eruption bis jetzt nichts zu wünschen übrig gelassen. Die Verdunklung des Himmels während der Hauptphasen des Ausbruchs, die die Spätfrühlingstage zur Nacht werden ließen, die heftigen Erdstöße, die permanent die Erde erzittern ließen, die anhaltenden Kämpfe eines grossen Fluss, der sich gegen die auf ihn niederprasselnden Tephramassen nur durch Aufstauungen und vielfache Wiederausräumung wehren konnte, bis hin zum spektakulären Dammbruch und der völligen Zerstörung des Rheintals stromabwärts – das Neuwieder Becken war zu einem verwüsteten Land geworden. Mitteleuropa war bis nach Schweden im Nordosten und Norditalien im Süden über viele Tausende von Quadratkilometern von einer hellgrauen Aschendecke wie von einem Leichentuch bedeckt.

[Abb. 164] In der Schlussphase der LSE wurden vermutlich über Monate feine vulkanische Aschen gefördert, die *grünen Silte*, die den Abschluss der Eruption bilden (ULST-C) und in Gruben bis in mehr als 23 km Entfernung (Westerwald) vom LSV aufgeschlossen sind. Grube zwischen Miesenheim und Kettig.

Schon zu Beginn der Spätphase hatte sich die Eruptionsdynamik abgeschwächt. Immer weniger Magma wurde in der Tiefe zerrissen und während ULST-A zunächst heftig und stakkatoartig, anschließend in einzelnen Eruptionsintervallen (ULST-B) aus dem Krater geschossen, mit längeren Pausen im Schlot. Das „Leichentuch" aus gröberer Tephra wurde zum Schluss bedeckt mit ganz feinkörnigen Aschen (ULST-C), in der Fachsprache *Silt* oder *Schluff* genannt. Der Laacher See-Vulkan „hustete" also noch eine ganze Weile, vermutlich über viele Monate. Diese feinkörnigen oft grünlichen Aschen bestehen zum großen Teil aus ganz fein fragmentierten devonischen Schiefern und zerriebenem tertiären Ton, enthalten aber auch noch glasige Partikel des Laacher See Magmas (Abb. 164). Diese grünen Silte, die in einigen Gruben in der Nähe des Laacher Sees, zum Beispiel in der Nähe des Wingertsbergs und in den frühen 1970er-Jahren auch zwischen Krufter Ofen und Heidekopf in bis über 10 m Mächtigkeit anstanden, enthalten Schichten mit akkretionären Lapilli, ein klarer Hinweis auf primäre Eruptionen. Es handelt sich also nicht um ausgewaschene feine Aschen, sondern um späte Produkte der Laacher See-Eruption. Wir vermuten, dass weiter Wasser in die schon zusammengestürzte Magmakammer eindrang.

Aber man soll den Tag nicht vor dem Abend loben. Eine letzte hochdramatische Phase stand noch bevor.

[Abb. 165] Mittlere und Obere LST und umgelagerte LST. Die MLST reichen bis zum Top des obersten braunen Ignimbrits. Die ULST schließen mit den feinkörnigen grünlichen Tuffen nach oben ab. Darüber folgen mit Erosionsdiskordanz über 8 m mächtige umgelagerte LST (Pfeile). Zwischen Nickenich und Kruft.

[Abb. 166] Umgelagerter Brohltaltrass (Sandköpfe). Die dunklen Nester sind Gerölle des alten Brohlbach, der sich nach der Eruption des Laacher See Vulkans in die Glutlawinenablagerungen (Trass, Ignimbrit) einschnitt und dabei große Brocken des massigen Gesteins leicht verrundete. 2 km östlich Burgbrohl.

Der große Regen

NOCH VOR DEM Ende der Eruption, also noch vor der Ablagerung der allerobersten grünen Silte, d. h. während der ausklingenden Tätigkeit, frästen plötzliche und heftige Starkregen tiefe, steile Rinnen in die mächtigen Aschendecken auf den Außenflanken des Laacher See-Vulkans (Abb. 127). In ihren Füllungen gibt es noch mindestens eine Lage grüner Silte, ein letztes primäres Signal der Eruption. Umgelagerte Aschen und Lapilli wurden in die tiefer gelegenen Gebiete gespült und bilden z. B. zwischen Nickenich und Kruft eine örtlich über 10 m mächtige Decke (Abb. 131, 165). Wassermassen wühlten sich oberhalb Brohl durch über 60 m mächtigen Aschenstromablagerungen, die das Tal fast ganz aufgefüllt hatten. Durch die ständige Erosion, die Umlagerung und das Einstürzen der Wände entstanden bizarre Vermischungen von Flussschottern und Aschen. Diese Partien blieben beim Abbau stehen, weil sie zu viele feste Gesteine enthielten. Sie bilden „Sandköpfe" genannte, isolierte weiße Klippen in der Mitte des Brohltals (Abb. 166).

Erstaunlicherweise entstanden diese extrem ausgebildeten Erosionsrinnen gleichzeitig mit einer Phase enormer Mobilisierungen von Tephra z. B. an den Hängen des Westerwalds oder im Bereich der Nette. Hunderte von *Lahars* (vulkanische Schuttströme) überfluteten die Rheinauen beidseits der Mündungen der Nebenflüsse in den Rhein. Dies waren jedes Mal relative kurzzeitige Ereignisse, die nur durch extraordinäre Starkregen ausgelöst sein konnten, die jahrelang auf das Gebiet niederprasselten. Dies konnten keine normalen Regenfälle gewesen sein. Ein Vulkanologe weiß aber, dass große Eruptionen wie die des Lakivulkans in Island (1783) oder des Tambora in Indonesien (1815) auch in unseren Breiten viele Monate später von lang anhaltenden Regenfällen gefolgt werden. Das größte Hochwasser in Mitteleuropa während der vergangenen 1000 Jahre ereignete sich 1784 – eine Folge der atmosphärischen Auswirkungen der Lakieruption. Großvolumige Vulkaneruptionen richten also nicht nur örtliche Verwüstungen an, sondern lösen auch globale Klimaänderungen aus.

Das Signal aus dem Himmel: Die Klimaauswirkungen der Laacher See-Eruption

GROSSE VULKANERUPTIONEN SIND einzigartig unter den Naturereignissen. Sie sind eigentlich Punktquellen von wenigen Zehnern bis Hunderten von Metern Durchmesser – können aber jahrelang globale Wirkungen auslösen, die nicht nur Wissenschaftler interessieren. Denn seit Jahrzehnten ist bekannt, dass große historische Vulkaneruptionen die Temperatur auf der Erde zwar geringfügig, aber nachhaltig beeinflussen können. Nach großen Vulkanausbrüchen, wie zum Beispiel dem des Krakataus im August 1883, ist der Abendhimmel oft orange bis blutrot gefärbt. Ganz feine Aschen können nach einem großen Vulkanausbruch in der Tat die Erde in großer Höhe umrunden. Aber diese Aschen, also die kleinen Stückchen von Bims, Mineralen und Gesteinsfragmenten, sind nicht das Material, das das Klima beeinflusst, wie man seit dem Ausbruch des kleinen Vulkans El Chichon in Mexiko im Jahre 1982 weiß. In große Höhe aufsteigende vulkanische Eruptionssäulen enthalten ja nicht nur Festkörperpartikel, sondern auch magmatische Gase und eingesaugte atmosphärische Luft. Da die Mineral- und Glaspartikel eine hohe Dichte besitzen und schnell Aggregate bilden können, sinken sie innerhalb von wenigen Tagen wieder zu Boden. Da vulkanische Aerosole aber jahrelang in der Stratosphäre vagabundieren können, können sie folgerichtig nicht aus Aschepartikeln bestehen. In der Tat hat man in den letzten Jahren nachweisen können, dass eine langlebige Klimabeeinflussung nur dann eintritt, wenn aus dem Vulkan große Mengen an Schwefelgasen, Schwefeldioxid (SO_2), eruptiert werden, die sich in der trockenen Stratosphäre, also bei uns in Mitteleuropa in Höhen über etwa 12 km, mit Wasser ($2OH^-$) verbinden und Schwefelsäurepartikel bilden. Es sind diese *Schwefelsäurepartikel*, feine *Aerosole*, mit einem Durchmesser von weit unter einem Millimeter, die sich in Höhen von 20–40 km jahrelang über den Erdball ausbreiten, schlussendlich zusammenpappen und dann auf die Erde fallen, wo sie zum Beispiel im Grönland- oder Antarktiseis als schwefelreiche Lagen nachgewiesen werden können. Diese Aerosolwolken können nicht nur farbenprächtige Sonnenuntergänge erzeugen, die

Künstler wie den Vorimpressionisten Turner inspirierten, sondern auch durch nur geringfügiges Absenken der jährlichen Durchschnittstemperatur halbglobale Hungerkatastrophen auslösen. Das so genannte „Jahr ohne Sommer" (1816), in dem sich die nördliche Halbkugel stark abkühlte, war durch die gewaltige explosive Eruption des Tambora-Vulkans in Indonesien ausgelöst worden. Nach der Eruption war die landwirtschaftliche Produktion so stark zurückgegangen, dass bei der einsetzenden Hungersnot auf den Inseln Sumbawa und Lombok über 80 000 Menschen starben.

Das Laacher See-Magma war extrem schwefelreich und eine starke Klimabeeinflussung auf der Nordhalbkugel ist hoch wahrscheinlich (33, 34). Wir gehen heute davon aus, dass – wie nach vielen großen Eruptionen – über Monate bis Jahre grosse Niederschlagsmengen anfielen und dass diese Starkregen die gewaltigen Erosionsrinnen und Umlagerungen nicht nur im gesamten Neuwieder Becken auslösten. In ganz Mitteleuropa findet man in Seesedimenten oberhalb der Laacher See Tephralagen über viele Jahre unruhige Sedimentation am Seegrund, vermutlich eine Folge der verheerenden Regenfälle, die durch den Klimaimpakt der Eruption auf der nördlichen Hemisphäre ausgelöst worden waren. Auch diese letzte indirekte aber nachhaltige Auswirkung der Laacher See-Eruption auf Mitteleuropa wird im Augenblick noch weiter von uns erforscht – zu viele Fragen sind unbeantwortet.

Mit der Zeit wurden die Rinnen mit umgelagerten Aschen und Lapilli gefüllt. Aschendecke und umgelagertes Material wurden wieder von Pflanzen bewachsen. In den Jahrzehnten nach der Eruption bildete sich ein neuer Boden, Fortsetzung der nur kurz von der Laacher See-Eruption unterbrochenen Bodenbildung auf dem Löss im Allerød, also nach der letzten Eiszeit. Allerdings wurde es noch einmal für etwa 1000 Jahre richtig kalt. Etwa 200 Jahre nach der Eruption setzte die Episode der *Jüngeren Dryas* ein. Wir vermuten, dass die obersten Ablagerungen in den mächtigen Deckschichten auf der Laacher See-Tephra aus dieser Zeit stammen (Abb. 131).

7. WAR'S DAS?

»In a long excursion which I made two or three years ago to the Continent, chiefly to examine the volcanic districts of France and Italy, no tract which I investigated appeared to me more replete with interest than that of the Basin of Neuwied, situated upon the Lower Rhine.«

S HIBBERT 1832 (19)

© Springer-Verlag Berlin Heidelberg 2014
H.-U. Schmincke, *Vulkane der Eifel*, https://doi.org/10.1007/978-3-8274-2985-8_7

UNWEIGERLICH DIE ERSTE Frage, mit der man konfrontiert wird, wenn man wissenschaftlich an bzw. in den Vulkanen der Eifel arbeitet: „Brechen demnächst wieder Vulkane in der Eifel aus"? Angesichts der Medienhype der letzten Jahre ist die Öffentlichkeit natürlich verunsichert. Vor einem halben Jahrhundert hätte wohl niemand diese Frage gestellt. Denn lange Zeit galt die Auffassung, der Vulkanismus in der Eifel sei erloschen. Ein bekannter Geologieprofessor schrieb sogar vor einigen Jahren: *Zum Glück (!) ist der Vulkanismus in der Eifel erloschen* (39). Für diese Auffassung wurden in den vergangenen 50 Jahren u. a. folgende Gründe angeführt:

- CO_2-Blasen, die z. B. in großer Menge sichtbar am Ostufer des Laacher Sees aus dem Wasser sprudeln (Abb. 167, 168), spiegelten das Ausklingen der Vulkantätigkeit wider, sie seien sozusagen „der letzte Hauch" des Vulkans, ein sicheres Zeichen für sein Ende.

- Die Maare – seinerzeit als reine CO_2-Explosionstrichter interpretiert – stellten die jüngste Phase des Vulkanismus in der Eifel dar

- Seit der Eruption des Laacher See-Vulkans sei ein so langer Zeitraum vergangen, dass ein weiterer Ausbruch nicht mehr zu erwarten ist;

- Es gibt keine Hinweise auf bevorstehende Eruptionen;

- Es existiert nur ein geringer Wärmefluss an der Erdoberfläche und es gibt keine Hinweise für erhöhte Temperaturen in der Umgebung des Laacher Sees.

Das CO_2-Argument

KOHLENDIOXID (CO_2) KANN vor, während und nach einer Eruption in größeren Mengen aus der Erde entweichen. CO_2-Entgasungen sind besonders häufig *vor* Eruptionen. Das liegt daran, dass CO_2 in einem Magma nur schwer löslich ist. Wenn ein Magma also in die Erdkruste aufsteigt, verliert es vor der Eruption einen großen Teil des CO_2, wie etwa am Kilauea, dem aktivsten Vulkan der Erde, ausführlich nachgewiesen. CO_2 kann sogar schon aus Tiefen von 30 km unter der Erdoberfläche, d. h. dem Grenzbereich Mantel-Kruste entweichen, vielleicht sogar aus dem Erdmantel. Man kann daher die Tatsache der CO_2-Entgasung weder als Zeichen für abklingenden Vulkanismus noch für unmittelbar bevorstehende Vulkaneruptionen deuten. Die Zusammensetzung der am Ostrand des Laacher Sees in großen Mengen entweichenden Gase (Abb. 167, 168) entspricht in jeder Hinsicht, einschließlich der Isotope relevanter Gase, der der Gase des Lake Nyos in Kamerun, bei dessen Eruption im Jahre 1986 etwa 2000 Menschen umkamen (16). Die spezifische

[Abb. 168] Probennahme von Gasen am Laacher See durch den berühmten Gaschemiker Werner Giggenbach (†).

[Abb. 167] Am Ostufer des Laacher Sees, nördlich des Schweißschlackenkegels Alte Burg treten in Ufernähe große Mengen an Kohlendioxid (CO_2) und vielen Edelgasen aus.

Zusammensetzung der CO_2-reichen Gase in der Eifel ist typisch für Intraplattenvulkane. Die vulkanischen Gase, die vor, während und nach einer Eruption in anderen tektonischen Milieus entweichen, haben unterschiedliche Zusammensetzungen. Die Auffassung, die starken CO_2-Entgasungen in der Eifel (Abb. 164–166) seien rein postvulkanische Erscheinungen, war also noch nie wissenschaftlich begründet.

Das Maarargument

DIE AUFFASSUNG, DASS die Maare (in der Westeifel) das Ende des Vulkanismus anzeigen, ist ein klassisches Beispiel für Zirkelschlüsse in der Wissenschaft. Maare wurden bis Anfang der 1970er-Jahre generell als reine Gas (CO_2)-Explosionstrichter bezeichnet. Gleichzeitig nahmen Wissenschaftler seinerzeit an, dass aus dem Erdboden entweichendes CO_2 – wie in der Eifel – das Ende des Vulkanismus anzeigen würde. Also mussten die Maare jung

sein, jünger als der große Ausbruch des Laacher See-Vulkans. Feldspat- und Hauynkristalle in Bodenschichten, welche die Maartuffe überlagerten, waren aber ein Problem, denn sie sind charakteristisch für LST. Da man annahm, die Maare seien jünger als der LSV, wurden sie kurzerhand lokalen Maareruptionen zugeordnet, obwohl diese Minerale in den Maarlaven der Westeifel gar nicht vorkommen. Das Rätsel wurde schließlich 1968 von den holländischen Geologen Jungerius und Riezeboos gelöst, die eindeutig nachwiesen, dass die Maare älter sind als der Laacher See-Vulkan. Maare konnten also keineswegs das Ende des Vulkanismus in der Eifel anzeigen.

Maare sind im Übrigen während der gesamten vulkanischen Aktivität der Vulkanfelder der Eifel, also während der vergangenen etwa 600 000 Jahre, entstanden (s. o.). Es besteht keinerlei zeitlicher Zusammenhang zwischen Maarvulkanismus und zeitlicher Entwicklung der Vulkanfelder der Eifel (22). Nur das Ulmener Maar, exzentrisch im Westen der Ostei-

[Abb. 169] In der Tiefe aufgestautes CO_2 treibt periodisch den Geysir von Wallenborn (bei Bitburg) an. WEVF.

fel gelegen, ist jünger als der Laacher See-Vulkan (46), denn unter seinen Ablagerungen findet sich eine Lage von Laacher See Tephra.

Der zeitliche Abstand zu Heute

STELLEN SIE SICH zwei Paläorheinländer vor, die sich im Jahre 13 000 vor heute, also ungefähr 100 Jahre vor dem Ausbruch des Laacher See-Vulkans, darüber unterhalten, ob der Vulkanismus in der Eifel erloschen sei oder nicht. Der eine argumentiert, es sei in den vergangenen 100 000 Jahren kein einziger Vulkan in der Osteifel ausgebrochen, man könne also davon ausgehen, der Vulkanismus sei für immer erloschen. Der skeptischere Kollege gibt zu bedenken, dass sich Vulkanausbrüche immer gehäuft in überschaubaren Zeiträumen ereignen, die Tausende bis Zehntausende von Jahren voneinander getrennt sein können. Diese Phasen häufiger Vulkanausbrüche sind von längeren Zeiträumen ohne Vulkanausbrüche voneinander getrennt. Auf die Osteifel übertragen: Nach den Phasen des Rieden Vulkansystems (ca. 450 000–350 000) und Wehr Vulkans (215 000 bis etwa 180 000) habe es außer den kleinen Ausbrüchen bei Glees (ca. 150 000 vH) und Dümpelmaar (ca. 110 000 vH) keinen Ausbruch mehr gegeben, jedoch könne eine neue längere vulkanisch aktive Phase demnächst wieder einsetzen, vorausgesetzt ein dritter ähnlicher Zyklus würde beginnen. Wie Recht er hatte. Nur 100 Jahre nach dem fiktiven Gespräch brach der Laacher See-Vulkan aus. Das Gebiet war von Menschen nicht besiedelt, nur sporadisch streiften Horden durch Mitteleuropa, den Tierherden folgend. Die Tierwelt der Osteifel war allerdings sehr vielfältig, wie uns eindrucksvolle Fährten u. a. von Bär, Hirsch, Pferd und Auerwild zeigen (Abb. 170), die beim Bimsabbau bei Polch auf einer Schicht entdeckt wurden (11). Die Laacher See-Eruption war nicht die letzte in der Eifel. Nur 2000 Jahre später wurde der Ulmener-Maarvulkan geboren. Weitere können jederzeit folgen – eigentlich eine ziemlich banale Schlussfolgerung.

Diese von mir seit 1970 vertretene Auffassung hat sich nach und nach auch in der Wissenschaft gegen die Vorstellung, der Eifelvulkanismus sei erloschen, durchgesetzt. Es war dann unvermeidlich, dass unterschiedliche Medien diese wissenschaftlich begründete Auffassung als Anlass für Sensationsmeldungen benutzten. Insbesondere in Boulevardblättern und gewissen Fernsehsendern werden immer wieder Katastrophenszenarien über in allernächster Zeit bevorstehende Vulkanausbrüche in der Eifel entworfen, manchmal auch in Büchern aus der Feder von Erdwissenschaftlern, unter dem Deckmantel der Aufklärung der Bevölkerung oder aus dem Wunsch nach Forschungsgeldern – was genauso unseriös ist wie die frühere Auffassung, weitere Vulkaneruptionen werde es in der Eifel nicht mehr geben.

Wie sieht die Zukunft aus?

DIE AUSSAGE, DER Eifelvulkanismus sei definitiv für immer und ewig erloschen, ist also falsch. Die Aussage, weitere Vulkaneruptionen stünden in der Eifel unmittelbar bevor, ist allerdings genauso falsch und wissenschaftlich unhaltbar. Wissenschaftlich seriös ist folgende Aussage: sehr wahrscheinlich werden auch in Zukunft weitere Vulkane in der Eifel ausbrechen. Worauf gründet sich eine derartige Aussage? Und kann man Zeitpunkt, Ort und Art möglicher zukünftiger Eruptionen in der Eifel vorhersagen?

Episodischer Vulkanismus

In der Osteifel ist vulkanische Tätigkeit seit ungefähr 450 000 Jahren nachweisbar; theoretisch könnte man etwa alle 4500 Jahre eine Eruption erwarten – eine neue wäre also lange überfällig. Eine solche Rechnung ist aber nicht sinnvoll, da Vulkaneruptionen in einem Vulkanfeld – wie oben geschildert – meist nicht gleichmäßig statistisch verteilt auftreten sondern episodisch. Mit anderen Worten: In bestimmten Intervallen eruptieren fast gleichzeitig viele Vulkane – und dann passiert eine lange Zeit lang gar nichts. Viele Vulkane und Vulkangebiete auf der Erde können über Millionen von Jahren tätig sein, wobei relativ kurze, vulkanisch aktive Perioden mit längeren Ruhepausen abwechseln, die 100 000 Jahre oder Jahrmillionen dauern können. Ein gut untersuchtes Vulkansystem z. B. wie die Vulkaninsel Gran Canaria ist seit 15 Millionen Jahren aktiv, unterbrochen von bis zu 4 Millionen Jahre langen nichtvulkanischen Ruhepausen.

Es ist also alles zusammengenommen nicht nur nicht ausgeschlossen, sondern sogar wahrscheinlich, dass die Eifel auch in Zukunft Schauplatz vulkanischer Ereignisse sein wird.

Im Sinne unseres fiktiven skeptischen Paläorheinländers könnte die Eruption des Laacher See-Vulkans sozusagen eine neue vulkanisch aktive Phase einläuten, falls der Laacher See-Eruptionszyklus ähnlich ablaufen wird wie vor etwa 200 000 Jahren der Wehrer Vulkan oder vor gut ca. 400 000 Jahren der Riedener Vulkan. Wie gesagt: könnte. Die großen Bimseruptionen in den älteren Zentren waren jeweils gefolgt oder begleitet von der Entstehung von Schlackenkegeln und Tuffringen, z. T. mit längeren Lavaströmen. In Analogie ist es also nicht unwahrscheinlich, dass sich ein ähnlicher Zyklus zum dritten bzw. vierten (mögliche zeitliche Korrelation Dümpelmaar mit „jungen" Schlackenkegeln im engeren Laacher See-Gebiet) Male wiederholt. Nach diesem Modell ist in Zukunft mit der Bildung weiterer Schlackenkegel, Maare oder Tuffringe in der Osteifel oder der Westeifel zu rechnen. Wie bald, kann niemand vorhersagen. Es kann nur wenige Jahre dauern, aber auch Jahrzehnte, Jahrhunderte oder Jahrtausende.

[Abb. 170] Bärenfährten bei Mertloch (Polch).

Anzeichen für bevorstehende Eruptionen?

Zurzeit gibt es keinerlei Anzeichen für eine unmittelbar bevorstehende Vulkaneruption. Kein Anlass also zur Besorgnis; die Grundstückspreise im Neuwieder Becken können stabil bleiben. Allerdings treten wahrnehmbare und/oder messbare Anzeichen für eine bevorstehende Vulkaneruption normalerweise nur Wochen oder Monate, gelegentlich Jahre vor dem eigentlichen Vulkanausbruch auf; manchmal fehlen sie ganz oder sind mit den heute verfügbaren Instrumenten noch nicht messbar. Eine genaue Wahrscheinlichkeitsabschätzung zur Prognose von Vulkaneruptionen ist unmöglich. Die einzigen relevanten Kriterien, mit deren Hilfe man heute die Wahrscheinlichkeit zukünftiger Vulkaneruptionen abschätzen kann, sind

- die zeitlichen Verteilungsmuster älterer Vulkaneruptionen im gleichen Gebiet und

- geophysikalische/geochemische Anomalien, die eine bevorstehende Eruption ankündigen. Dies sind vor allem deutlich erhöhte seismische Aktivität, insbesondere das Auftreten bestimmter vulkanischer Erdbeben.

- Zweitens die heute auch von Satelliten messbare Ausdehnung der Erdkruste über aufsteigendem Magma.

- Drittens entweichen vor einem Vulkanausbruch Monate oder viele Jahre vorher deutlich größere Mengen an Gasen, vor allem die auch von satellitengestützten Instrumenten nachweisbaren Gase SO_2 aber auch CO_2.

- Eine Erwärmung des Untergrundes ist ein weiteres aber weniger aussagekräftiges Anzeichen, weil die Wanderung der Wärme durch Gesteine viel langsamer verläuft als das schnelle Entweichen von Gasen.

Es gibt gegenwärtig folgende Anzeichen für eine im Vergleich zu Gebieten außerhalb der Vulkanfelder erhöhte Dynamik des Erdbodens in der Eifel, von denen aber nicht bekannt ist, ob sie zunehmen oder abnehmen:

- Die chemische Zusammensetzung der Quellwässer zeigt einen leicht erhöhten Wärmehof um den Laacher See an. Die aus diesen Temperaturen abgeleiteten Gradienten stimmen mit denen von Modellrechnungen zur Abkühlung eines magmatischen Körpers unter dem Laacher See überein.

- Die heute seismisch aktive Ochtendunger Herdzone läuft auf den Sektorgraben im Süden des Laacher See-Beckens zu und zeigt mit diesem fast identisches NW-SE Streichen (Abb. 34).

- Ausweislich des Spannungsabfalls in der Kruste unter dem Laacher See-Gebiet (a),

- der starken mikroseismischen Aktivität (b) (1) und

- dem zeitlichen Verteilungsmuster des Vulkanismus im Quartär (s.o.) befinden wir uns zurzeit in einer geodynamisch aktiven Periode.

Natürlich muss die Wissenschaft das dynamische Verhalten der Eifelvulkane im Auge behalten. Die beste Vorhersage von möglichen zukünftigen Vulkaneruptionen basiert sowohl auf einer soliden Analyse der Vorgänge in der Vergangenheit – so wie ein guter Arzt den gegenwärtigen Zustand eines Patienten auch aufgrund einer ausführlichen Anamnese erschließt, also aus Art und Verlauf früherer Krankheiten – wie den gegenwärtigen dynamischen Vorgängen.

Zeitpunkt, Ort und Art einer zukünftigen Vulkaneruption in der Eifel lassen sich nicht vorhersagen. Da der Vulkanismus in beiden jungen Vulkanfeldern der Eifel mit der Zeit von Nordwesten bzw. Westen nach Südosten bzw. Osten gewandert ist, werden zukünftige Vulkane eher in diesen Gebieten ausbrechen. Da es in der Eifel bisher nur wenige Großeruptionen wie die des Laacher See-Vulkans gegeben hat, werden zukünftig wahrscheinlich Schlackenkegel, Lapillikegel oder Maare ausbrechen – wie das Ulmener Maar, der jüngste Vulkan Deutschlands.

Wie schwierig eine genaue Vorhersage ist, kann man gut nachvollziehen, wenn man sich wieder in die Lage unseres aufgeweckten Paläorheinländers versetzt, wenn ihm die gleiche Frage einige Jahre vor dem Ausbruch des Laacher See-Vulkans gestellt worden wäre. Er hätte so ähnlich geantwortet wie ich in den vorhergehenden Sätzen. Niemand hätte seinerzeit einen so riesigen Ausbruch wie den des Laacher See-Vulkans – und an dieser Stelle – erwarten können, niemand, dass auf seine Zeitgenossen – in Südschweden noch mit dem Rand der Inlandgletscher vor Augen oder in Norditalien sich schon in wärmeren Gefilden tummelnd – vulkanische Asche vom Himmel regnen würde, und niemand, dass der Rhein im Verlaufe des Ausbruchs total blockiert werden würde, um sich nach dem Dammbruch in jähen Fluten rheinabwärts zu stürzen. Auch wenn heute oft Monate vor einem Vulkanausbruch weite Gebiete rechtzeitig abgesperrt und Tausende von Menschen evakuiert werden – der Hauptgrund, warum es heutzutage relativ wenige Todesfälle bei Vulkanausbrüchen gibt – gibt es immer wieder Überraschungen. Vor dem Ausbruch des Mt. St. Helens am 18.5.1980 z.B. war von den Wissenschaftlern korrekt vorhergesagt worden, dass das Tal des Toutle Rivers durch verheerende Sturzfluten verwüstet werden würde – was die Gouverneurin des Staates Washington leider nicht wahrhaben wollte. Nicht vorhergesagt allerdings wurde der Kollaps der Nordflanke des Vulkans und die totale Zerstörung eines riesigen Gebietes im Norden des Vulkans durch die verheerenden, sich horizontal ausbreitenden Druckwellen *(blasts)*.

[Abb. 171] Nahrhafte Tephrapartikel und niedrige Eruptionssäule. Bäcker Lung (Kruft).

8. Mit Vulkanen leben – Leben mit Vulkanen: Vergangenheit und Gegenwart

»Wäre nicht überall geschäftiges Leben und vernähmen wir nicht das sonderbare ›Geläute‹ in seinen hellen und dunklen Abstufungen, so könnte man beim Anblick dieser gähnenden Erdlöcher, dieser Schutthalden und wirr umherliegenden Lavablöcke an ein weites Ruinenfeld denken.«

Jacobs (1913) Wanderungen und Streifzüge
durch die Laacher Vulkanwelt.
Westermann, Braunschweig

Macht euch die *Erde untertan.* Dieses Diktum vom Anfang des Alten Testaments wurde über die Jahrtausende hinweg nicht infrage gestellt. Heute wirkt diese Zielvorgabe für den Menschen wie aus einer lange vergangenen Zeit. *Mit Vulkanen leben* kann bedeuten: Man muß mit den – eventuell für den Menschen gefährlichen – Vulkanen leben, man muß sie akzeptieren, nicht versuchen, sie zu verteufeln oder zu bekämpfen – aber auf sie aufpassen, sie überwachen (Abb. 173). Diese gelassenere Auffassung ist in den vergangenen Jahrzehnten in vielen Ländern mit aktiven Vulkanen stetig gewachsen.

Die inneren Kräfte – *internes Forcing* – in dem System Magma-Vulkane-Mensch umfassen alle planetarischen Aspekte einschließlich der Entstehung der meisten Magmen im Erdmantel (Abb. 173). Magmen entstehen dadurch, daß der Erdmantel in langsamer Bewegung ist, er konvektiert. Wir haben ferner in Kapitel 2 gesehen, dass sicher nur ein kleiner Teil der Magmen es je bis zur Erdoberfläche schafft. Vulkane sind sozusagen Unfälle auf dem holprigen und meist erfolglosen Weg der Gesteinsschmelzen ans Tageslicht. Vulkane, wenn sie denn mal entstehen, sind überdies äußerst labile Gebilde. Ob und wie sie ausbrechen, hängt nicht nur vom Druck der aufsteigenden Magmen oder der sich aus den Schmelzen nahe der Erdoberfläche lösenden Gase ab, sondern auch häufig von äußeren Einwirkungen und Faktoren – dem *externen Forcing* – wie z. B. von der Wechselwirkung aufsteigender Magmen mit Grundwasser oder von Erschütterungen durch große Erdbeben.

Leben mit Vulkanen dagegen legt den Akzent auf das Leben. Alle drei Seiten des Systems Magma-Vulkane-Mensch gehören seit jeher untrennbar zusammen aus dem einfachen Grund, weil es keine andere Naturerscheinung gibt, die in so vielfältiger Weise mit der Ent-

wicklung der menschlichen Gesellschaft, ihren Grundbedürfnissen, ihren Ängsten und ihren religiösen Gefühlen (Abb. 172) verwoben ist. Denn wenn Vulkane irgendwann das Licht der Welt erblicken und wachsen und wachsen, ist der Mensch in der einen oder anderen Weise immer unmittelbar betroffen.

Die Beziehungen und Abhängigkeiten zwischen Vulkanen und dem Menschen könnte man anschaulich an drei Themenbereichen verdeutlichen. In den Medien hören und sehen wir meist erst dann etwas über Vulkane, wenn sie irgendwo ausgebrochen sind, schon Zerstörungen angerichtet haben oder zumindest Menschen und Ansiedlungen bedrohen. In der Tat sind die Gefahren für Menschen und Ansiedlungen, die von aktiven Vulkanen in der Nähe ausgehen, eine wichtige Motivation für Vulkanologen, um durch die Untersuchung der Vulkane und ihre Überwachung Gefahren rechtzeitig vorhersagen zu können, oder, noch wichtiger, Landplaner so zu beraten, dass sie – wenn sie denn die Möglichkeit haben –

[Abb. 173] Die drei Seiten des Systems Magma-Vulkan-Mensch.

[Abb. 172] Die berühmte Benediktiner-Abtei Maria Laach aus dem 11ten Jahrhundert besteht aus unterschiedlichen lokalen vulkanischen Gesteinen (Weiberner Tuff, Niedermendiger Basalt und sogenannter Laacher Trachyt. Der Dachschiefer stammt aus Mayen-Hausen).

Vulkaneruptionen

Innere Kräfte   **Äußere Kräfte**

Plattentektonik   Wechselwirkung Magma/Wasser

Magmaentstehung   Wechselwirkung Klima/Vulkane

Mantelkonvektion

Entstehung Erde und Lufthülle   Kontrolle von Ausbrüchen durch Erdbeben/ Meeresspiegel- schwankungen/ Eisschilde

Planetarer Vulkanismus

Sonnensystem

Mensch

Nutzen
Böden, Bau-Rohmaterial, Erzlagerstätten, Erdwärme, Tourismus

Kunst Religion

Gefahren
Vulkananalyse, Überwachung, Katastrophenvorsorge, Landplanung

potentiell bedrohte Gebiete lange vor einem Ausbruch ausweisen und nicht besiedeln.

Seit jeher aber haben die Menschen ungleich mehr von den vielfältigen Segnungen der Vulkane profitiert als unter ihren Ausbrüchen gelitten. Ihr Nutzen ist wirklich umfassend. Fruchtbare Böden und die mannigfaltigen vulkanischen Rohstoffe (Abb. 174–183) – von dem praktischen Werkstoff Obsidian bis zu dem weichen „Tuffstein" (Ignimbritablagerungen wie der Trass im Brohltal) – perfektes Material, um schützende Höhlen zu graben – haben das Leben schon in vorhistorischer Zeit erleichtert. Erzlagerstätten, Erdwärme (geothermische Energie) und Vulkantourismus sind zentrale, vulkanbasierte ökonomische Segnungen, die in Zukunft auch global immer wichtiger werden.

Die religiösen Kräfte, die Vulkane ausstrahlen, schlagen Menschen nach wie vor in ihren Bann, auch in hochtechnisierten Gesellschaften wie Japan. Vulkane waren und werden in vielen Kulturen als Sitz der Götter angesehen, von den Inkas im Norden Chiles bis in das dichteste Vulkangebiet der Erde, die Inselreiche Indonesiens und der Philippinen. Auch für Maler sind ruhende und aktive Vulkane seit jeher klassische Sujets. Das landschaftliche Gesamtensemble der berühmten Abtei Maria Laach in einem großen schützenden Vulkan-

[Abb. 174] Bimsabbau.

krater (Abb. 172) ist für jeden Besucher überwältigend. Ob die *numinosen* Ausstrahlungen des Laacher See-Vulkans für die Benediktinermönche auch ein Grund für die Gründung des Klosters an dieser Stelle waren ist nicht überliefert.

In der Eifel haben Vulkane dem Menschen über die Jahrtausende in vielfältiger Weise genutzt, in der Form fruchtbarer lockerer Böden und vor allem als Rohmaterial, nicht nur für den Straßenbau, Häuserbau und als Zement sondern auch als Werkstoff für Künstler. Seit wenigen Jahrzehnten hat der *Vulkantourismus* begonnen, eine ökonomische Hauptrolle zu spielen, ähnlich wie in vielen anderen Ländern, die sich mit jungen Vulkanen schmücken.

Vulkane der Eifel: Über 2000 Jahre Steinindustrie

ES GIBT WENIGE Landstriche auf der Erde, in denen sowohl Landschaft wie Industrie so stark von Vulkanen und ihren Gesteinen geprägt sind, wie die Eifel. Nicht nur die „Eingeborenen" des Laacher See-Gebietes, auch die jeweiligen Besatzungsmächte wie etwa die Römer – Rheinländer hadern ja auch noch seit dem 19ten Jahrhundert mit der damaligen Besatzung durch Mächte aus dem Gebiet östlich der Elbe (der kürzliche Wegzug aus dem nahe gelegenen Bonn hat die Situation keineswegs verbessert) – haben im Laufe der Jahrtausende viel Erfindungsgeist bei der Verwendung von vulkanischen Gesteinen und vulkanischem Lockermaterial bewiesen (20).

Aus der Bronzezeit sind Mahlsteine bekannt, die aus der Lava des Ettringer Bellerbergs gewonnen wurden. Berühmt war die Eifel für die eindrucksvolle – und extrem beschwerliche – Gewinnung von Mühlsteinen unter Tage seit der Römerzeit bis in das 19. Jahrhundert. Die Säulen des Niedermendiger Lavastroms wurden unter der Ortschaft zerteilt und – zu Mühlsteinen behauen – in alle Welt exportiert (Abb. 7). Im Brohltal blühte der Trassabbau, denn Trass hat die Eigenschaft, zusammen mit Kalk (Portlandzement) einen hervorragenden Mörtel abzugeben, der unter Wasser bindet. Wenn Glutlawinen bei höheren Temperaturen abgelagert werden, können die Glasscherben miteinander versintern oder, wie man sagt, verschweißen und beim Abkühlen oft noch auskristallisieren; auf diese Weise können dann harte, lavaähnliche Gesteine entstehen. Dennoch sind sie viel leichter zu sägen und zu bearbeiten als das Gestein von Lavaströmen, weil sie fast immer noch deutlich porös sind, auch heute noch willkommenes Baumaterial in vielen Gebieten der Erde. Auf Ozeaninseln wie Tenerife und Gran Canaria (Kanarische Inseln) sind derartige verschweißte Glutlawinenablagerungen weit verbreitet, prägen z. B. die gesamte Landschaft des südlichen Gran Canaria, werden vor Ort auch zu attraktiven Bausteinen verarbeitet, ohne jedoch ein ästhetisches Gegengewicht zu den hochverdichteten Touristikzentren bilden zu können.

Die harte Konsistenz der Trassablagerungen in tiefer liegenden Gebieten der Eifel wie bei Kruft und Plaidt hat allerdings einen anderen Grund, denn die Glutlawinen des Laacher See-Vulkans waren nicht heiß genug, um zu verschweißen. Nach der Eruption standen die unteren Partien der mächtigen Trassablagerungen über Jahrtausende im Grundwasser. Dabei wurde das Glas angelöst und aus den hoch konzentrierten Porenlösungen kristallisierten neue Minerale, vor allem Zeolithe und Karbonate, die das lockere Gemisch aus Bimspartikeln, Aschen und Gesteinsfragmenten zu einem festen Gestein verkitteten. Beispiele sind, wie oben diskutiert, die so genannten Ettringer und Weiberner Tuffsteine, die an den Rodderhöfen und bei Weibern abgebaut werden (Abb. 99, 100). Auch bei Kruft und Plaidt, ca. 5 km östlich des Laacher Sees, sind verfestigte Trassablagerungen des Laacher See-Vulkans seit der Römerzeit abgebaut worden. In einem Museum wird dieser Abbau anschaulich dargestellt.

Nach dem Zweiten Weltkrieg entwickelte sich vor allem die Bimsindustrie stürmisch. Aus Bims werden gut isolierende Bausteine hergestellt (Abb. 174). Schlackenkegel werden zu Straßenschotter und als Zusatz für Bimsbaustein abgebaut (Abb. 175–178). Basalt und der ältere Ettringer/Riedener und Weiberner Tuffstein werden heute wieder in starkem Maße verwendet, insbesondere für die Restauration von Kirchen, da sie ein gut zu bearbeitendes Material darstellen. Auch Bildhauer schätzen das Material. So ist es kein Wunder, dass sich die Phantasie mancher Bildhauer seit Jahrhunderten an diesem eher spröden Material entzündet hat. Noch vor wenigen Jahrzehnten schien es, als ob die Tage der

Steinsägen und Steinmetzbetriebe im Mendiger Raum gezählt seien. Wer heute in diesen Städten durch einen Steinbetrieb geht, ist beeindruckt von der neuen Geschäftigkeit. Vor allem, und das ist die Ironie, weil der Werkstoff Basaltlava unserer SO_2-belasteten Luft sehr viel besser trotzt als Beton oder auch andere natürliche Werkstoffe wie etwa Sandstein. Basalt und verschweißte Schlacken wurden seit altersher auch für den Hausbau aber auch für sakrale Bauten verwendet (Abb. 172, 181).

Der Umfang der Steinindustrie, insbesondere der Abbau von harten Basaltlaven, wird in der bisherigen Form in Zukunft abnehmen, nicht nur weil die Rohstoffe begrenzt sind sondern weil Steinbearbeitung teuer ist. Ähnlich wie bei anderen natürlichen Rohstoffen wie den Kohlewasserstoffen Erdöl und Kohle wird man mehr und mehr dazu übergehen müssen, mit dem kostbaren Rohmaterial hauszuhalten und es daher zu veredeln.

[Abb. 175] Abbau von Basaltschlacken am Eppelsberg.

Steinbrüche – für und wider

WENN DER MENSCH Gestein als Baumaterial im weitesten Sinne benutzt, werden entweder Berge abgetragen oder Löcher in den Untergrund gegraben oder beides, sichtbare Eingriffe in die Natur. Steinbrüche in der Landschaft werden daher von verschiedenen Menschen mit ganz unterschiedlichen Augen gesehen. Wer den Zustand unserer weithin geglätteten, begradigten und vielfach bebauten und zubetonierten Kulturlandschaft liebt, wird Steinbrüche vor allem als Wunde in der Natur empfinden und dafür plädieren – oder dafür kämpfen – sie möglichst schnell wieder zuzuschütten, sie dem Erdboden gleich zu machen.

Stadtväter, Ordnungsämter und Bezirksregierungen sehen Steinbrüche mit gemischten Gefühlen an. Sie wollen und müssen natürlich verhindern, dass aus Steinbrüchen wilde Müllkippen werden; ein mit mehr oder weniger legalem Abraum wieder zugeschütteter Steinbruch ist schließlich auch Bauland oder rekultiviertes Acker – oder Forstland. Andererseits sehen sie diese Löcher oft als willkommene Vertiefungen an, um die uns allmählich begrabenden Müllmengen loszuwerden. Da Vulkane allerdings Stellen in der Erdkruste markieren, die von Naturgewalten besonders stark zerrüttet wurden, war das Deponieren von Müll in aufgelassenen Steinbrüchen in Vulkanen wegen möglicher Beeinträchtigung des Grundwassers durch Sickerwasser immer fragwürdig, ist aber vom Gesetzgeber inzwischen ausgeschlossen. Nur Erdaushub und schadstofffreier Bauschutt darf heutzutage in ähnlich durchlässigen Gruben abgeladen werden.

Früher ging man aus den genannten Gründen davon aus, Steinbrüche möglichst bald nach dem Abbau wieder zuzuschütten. Ich habe dagegen seit Jahrzehnten dafür plädiert, Steinbrüche nicht wieder aufzufüllen. Ein Plädoyer ist daher angebracht für eine zukunftsweisende Gestaltung, bei der sich die allmähliche ökonomische und ökologische Umorientierung nicht widersprechen, sondern, im Gegenteil, vorteilhaft ergänzen und hand in hand verwirklicht werden können.

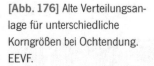

[Abb. 176] Alte Verteilungsanlage für unterschiedliche Korngrößen bei Ochtendung. EEVF.

Fenster in die Tiefe der Erde, in ihre Vergangenheit, sowie die der Natur und des Klimas in den vergangenen 500 000 Jahren

Für den Erdwissenschaftler stellen Steinbrüche unvergleichliche Fenster in die Erde dar; in ihnen kann er die erdgeschichtliche Vergangenheit erforschen, damit den gegenwärtigen Zustand der Erde besser kennen lernen – und so für die Zukunft schlüssigere Vorhersagen machen. Steinbrüche und Bimsgruben sind daher elementar wichtige Lehrstätten für den Anschauungsunterricht von Schülern und Studenten und für die Forschung. Ohne diese künstlichen Aufschlüsse wären die Vulkanfelder der Eifel nicht zu dem geworden, wofür sie heute international stehen: eines der am besten erforschten Vulkangebiete der Erde, ein Mekka der Vulkanforschung, zu dem Wissenschaftler aus aller Welt pilgern.

Wenn Wissenschaftler an den Vulkanen der Eifel forschen, dann tun sie das aus vielerlei Gründen. Sicher treibt sie in allererster Linie die wissenschaftliche Neugier: sie wollen herausfinden, wie Vulkane entstehen, was

sie uns über den tieferen Untergrund sagen können oder welche Gefahren bei zukünftigen Vulkanausbrüchen zu erwarten sind. Aber die angewandte Seite der Wissenschaft, also der direkt sichtbare „Nutzen für die Gesellschaft" (die „akademische" Grundlagenwissenschaft ist langfristig oft viel nützlicher als die auf nahe liegende Ziele gerichtete) ist aus der Arbeit des Vulkanologen immer leicht herauszulesen. Ein Beispiel: Wir wissen alle, dass die gegenwärtige Energieerzeugung aus fossilen Kohlenwasserstoffen wie Erdöl, Kohle oder die Kernenergie langfristig aus verschiedenen Gründen ersetzt werden muss durch alternative Energien, die erstens unerschöpflich sind, zweitens die Umwelt nicht belasten und drittens ungefährlich sind. An erster Stelle steht sicher die Sonnenenergie, an zweiter die Windenergie. Aber auch die Erdwärme wird ihren Platz sogar in den Ländern haben, die nur wenige oder gar keine jungen Vulkane und unter ihnen vermutete heiße Magmakammern haben. In der Eifel haben in den vergangenen Jahrzehnten mehrere Arbeitsgruppen Grundlagenforschung

[Abb. 177] Über die Förderbänder werden die zerkleinerten Gesteine in unterschiedliche Korngrößen getrennt. Feuerberg. WEVF.

z. B. über den Aufbau und die Entwicklung der Laacher See-Eruption sowie ihrer Magmakammer und möglicherweise noch in der Tiefe verbliebene Wärmevorräte durchgeführt. Ziel dieser Arbeiten war nicht, die Möglichkeit eines geothermischen Kraftwerks am Laacher See zu erkunden, sondern unsere Erkenntnisse über Entwicklung und teilweise Entleerung von Magmakammern und damit über Erdwärmereservoire zu erweitern. International wichtige Beiträge der Vulkanerforschung in der Eifel betreffen z. B.: Wechselwirkung von aufsteigenden Magmen und Grundwasser, Entstehung und Ausbreitung von Glutlawinen, vielfältige Vulkangefahren, einschließlich der dramatischen Aufstauung des Rheins und des nachfolgenden Dammbruchs, Auswirkung von Vulkanausbrüchen auf das Klima und viele andere. Auch die Ablagerungen in den Kratermulden (Abb. 92–94) sind nicht nur fantastische Zeugen für die dynamischen Vorgänge unserer Erde. Die Sedimente in den Krater-

mulden stellen eine einzigartige Bibliothek der Erdvergangenheit in den vergangenen 500 000 Jahren dar, der Eiszeiten und Warmzeiten, der Vegetation, und der Frühgeschichte der Menschen in Mitteleuropa.

Steinbrüche als einzigartige Biotope

Ein informierter Naturschützer weiß, dass aufgelassene Steinbrüche ganz hervorragende Biotope für Fauna und Flora darstellen. Steinbrüche sind einzigartige Refugien für Vögel wie Eulen und Falken, für Orchideen und Trockenflora, also hervorragende Biotope angesichts der Mengen von Düngemitteln, Pestiziden und Herbiziden, die heute in den landwirtschaftlich genutzten Gebieten verwendet werden. Wer dafür plädiert und vielleicht politisch durchsetzt, dass es oft ökologisch vernünftiger und ästhetisch schöner ist, manche Bachläufe wieder von ihrer begradigenden Betonarmierung zu befreien, – zu renaturieren –, wird leicht einsehen, dass Steinbrüche langfristig gesehen

[Abb. 178] Neu angelegter Teich in dem bereits abgebauten östlichen Teil des Herchenbergs bei Burgbrohl. Im Hintergrund die erhaltene Wand des westlichen Kegels mit dem großen Fördergang (s. Abb. 75). EEVF.

eine Landschaft auch morphologisch stärker gliedern und daher bereichern und nicht eine gefährliche und unästhetische Verschandelung darstellen, die es gilt, möglichst schnell aufzufüllen. Eine Landschaft, die dem Auge Widerstand bietet, ist allemal schöner als eine eingeebnete. Was wenige Jahre lang wie eine hässliche Wunde in der Landschaft aussehen mag, wird durch natürliche Erosion und Begrünung von der belebten Natur schnell wieder zurückerobert.

Steinbrüche als Zeugen der Steinbearbeitung und der Technikgeschichte

Steinbrüche sind auch einmalige Zeugnisse der jahrtausende alten Geschichte des Steinabbaus und der Steinbearbeitung in Mitteleuropa. Viele Häuser in den Dörfern und Städten der Eifel sind aus vulkanischen Gesteinen errichtet (Abb. 181). Das berühmteste Beispiel ist die romanische Abtei Maria Laach (Abb. 172, 182). Es wäre ein großer Verlust, wenn alle Steinbrüche, aus denen unsere Vorfahren das Baumaterial für die Bürgerhäuser und Kirchen gewonnen haben, zugeschüttet würden. Wenn wir die Vergangenheit – also in der Eifel die uralte Steinindustrie – ernst nehmen, uns zu ihr bekennen, dann sollte man möglichst viele Steinbrüche auflassen, nicht nur weil sie Zeugnis von einer mehrtausendjährigen Tätigkeit des Menschen in diesem Gebiet ablegen.

Nach der früheren Vorgabe der Bergämter, vorhandene Bodenschätze seien abzubauen, steht heute das Bewahren im Vordergrund. Mit anderen Worten, die Menschen sollen sich an der Landschaft erfreuen, sie sollen anschaulich über die jüngste Entwicklung der Erde lernen aber auch über die Landschafts- und Technikgeschichte in ihrer Heimat. Schließlich ist es durchaus im Interesse der Allgemeinheit, dass einige Steinbrüche nach wie vor in Betrieb bleiben. Die vielen Lehrbergwerke Deutschlands zeigen, wie groß das Interesse der Menschen an einer anschaulichen und nachvoll-

[Abb. 179] Historisches Photo eines Basalttagebaus bei Mendig. Tagebau der Fa. F. X. Michels 1904. Vor diesem ersten Tagebau wurde ausschließlich untertage abgebaut.

[Abb. 180] Eine Basaltsäule wird mit einer Seilsäge zersägt. Werk Mendiger Basalt.

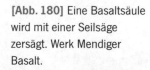

ziehbaren Kenntnis der Technikgeschichte in unserem Lande ist.

Viele Bauwerke und Ruinen werden oft weniger wegen ihrer herausragenden Schönheit erhalten, sondern weil sie ein Stück Vergangenheit verkörpern. Es ist nur schwer verständlich, warum man Steinbrüche nicht ähnlich behandeln sollte. In ehemaligen Steinbrüchen angelegte Teiche bei gleichzeitiger Erhaltung der Gesteinswände sind eine Möglichkeit der langfristigen umweltbewussten touristischen Nutzung (Abb. 178). Damit komme ich zum letzten Abschnitt.

Vulkane und Umwelt: Lehren aus der Vergangenheit – Perspektiven für die Zukunft

ICH MÖCHTE ZUM Schluss einen Aspekt ansprechen, in dem sich Belange der Steinindustrie, Forschung, Umwelt und Tourismus treffen und in dem sich Vergangenheit, Gegenwart und Zukunft überschneiden, kurz Zukunftsperspektiven: Wie können wir das Erbe der Vergangenheit in der Eifel am fruchtbarsten mit einer wünschenswerten Zukunftsentwicklung verbinden?

Am Anfang dieses Kapitels habe ich erwähnt, dass die Menschheit immer ungleich mehr von Vulkanen profitiert als unter ihren Ausbrüchen gelitten hat. Beispiele für den Nutzen von Vulkanen sind die Erdwärme, also die geothermische Energie, Erzlagerstätten, die fruchtbaren Böden, vulkanisches Gestein

[Abb. 181] Hausfassade aus verschweißten Basaltschlacken- und blöcken. Die dunklen Gesteine sind durch die Fensterumrahmungen freundlich abgesetzt. Kruft.

als Rohmaterial für den Häuserbau, Straßen oder für Künstler um Skulpturen anzufertigen oder auch der touristische Nutzen, in manchen Ländern bereits Einnahmequelle Nr. 1. Vulkane und Kraterseen beleben eine Landschaft enorm, Menschen haben sich stets gerne in der Nähe von Vulkanen niedergelassen und sie oft mit einer Mischung aus Ehrfurcht und Angst betrachtet. In vielen Kulturen sind Vulkane auch heute noch – oder wieder – Gegenstand religiöser Anbetung, Sitz der Götter. Vulkanberge gliedern die Landschaft in kleinere, kuschelige Bereiche oder stellen weithin sichtbare Wahrzeichen in der Landschaft dar. Beispiele sind der Wartgesberg oder die Hohe List in der Westeifel, der Karmelenberg, der Hochsimmer und Sulzbusch bei Mayen, oder der Krufter Ofen am Laacher See oder der Bausenberg bei Niederzissen im Norden. Hauptattraktionen sind vor allem die wassergefüllten Kraterseen, wie die Maare in der Westeifel oder der Laacher See. Dass in größeren Erdtiefen eingedrungene Magmen nach wie vor stark entgasen zeigt die sprudelnde Entgasung am Ostrand des Laacher Sees oder die Geysire bei Wallenborn in der Westeifel oder bei Namedy bei Andernach.

In den letzten 200 Jahren entwickelte sich das Verständnis für die Schönheit der jungen Vulkanlandschaft, die von vielen Dichtern beschrieben und besungen wurde. In der Romantik ging die Vulkanlandschaft in die Sagen und Märchenwelt ein, wie der geheimnisvolle Laacher See oder die Genovevahöhle. In neuerer Zeit wurde dann die Vulkanlandschaft als ein Gebiet benutzt, in dem man in allererster Linie Rohstoffe abbaute, in dem also wirtschaftliche Aspekte Priorität hatten, während das Gebiet um den eigentlichen Laacher See und die Abtei Maria Laach ein attraktives Erholungsgebiet blieb.

Die Eifel stellt das mit Abstand jüngste Vulkangebiet in Mitteleuropa dar. Da der jahrtausende alte Steinabbau in den letzten Jahrzehnten zurückging, weil die Vorräte sich ihrem Ende zu neigten und immer weniger Menschen wegen der zunehmenden Mechanisierung Brot und Lohn in der Steinindustrie fanden, schien es naheliegend, den wirtschaftlichen Schwerpunkt in der Zukunft in den jungen Eifelgebieten vom Steinabbau auf den Vulkan-Tourismus zu verlagern. In dem Vorgängerbuch schrieb ich vor 20 Jahren im letzten Abschnitt (31):

[Abb. 182] Laacher See und Abtei Maria Laach auf einer Briefmarke.

»In der Zukunft gilt es, aufgelassene Steinbrüche im Laacher See-Gebiet – und nicht nur dort – als Kulturgut, als ökologisches Refugium und als unverzichtbares Anschauungsobjekt anzusehen, d. h. nicht zuzuschütten, sondern zu schützen und zu pflegen und damit weit voraus zu planen. Aus der Synthese von erdgeschichtlich junger, vulkanischer Landschaft, die in Europa einzigartig ist und in der primäre vulkanische Landformen und vom Menschen geschaffene Steinbrüche untrennbar zusammen gehören, d. h. einer vulkanisch geprägten und bedingten Industrielandschaft, könnte ein VULKANPARK LAACHER SEE-GEBIET entstehen. Ein derartiger Park könnte gleichermaßen Zeugnis ablegen für die vulkanischen Gewalten der Erde in geologisch junger Zeit, die noch andauern, und einer Besiedlung und Industrie, die seit Tausenden von Jahren auf und vom Vulkangestein lebt. Dem Tourismus würde ein Vulkanpark ungeahnte Perspektiven eröffnen. Spätere Generationen werden es uns danken.«

In einem 1994 in Andernach unter der Schirmherrschaft der Kreisverwaltung Mayen-Koblenz und unter der Leitung von Landrat Berg-Winters, Frau Park und mir durchgeführten, international hochkalibrigen Symposium, zu Beginn der öffentlichen Diskussion über die Vulkanparkidee, wurden die Umrisse der zu gründenden Vulkanparks unter verschiedenen Gesichtspunkten diskutiert. Ein Ergebnis dieses Symposiums war die Ausarbeitung eines Konzeptes für die Gründung eines größeren, modernen und zentralen Vulkanmuseums, weil es sich nicht nur in Deutschland sondern auch in vielen anderen hochentwickelten Ländern zeigt, dass große, nach heutigen Anforderungen an eine zeitgemäße und unterhaltsame Wissensvermittlung konzipierten Museen extrem attraktive Zentralorte für Touristenströme sind, d. h. ein für die Bewohner der Eifel ökonomisch wichtiger Aspekt. Angesichts der politischen Kleinräumigkeit in unseren Landen – im Gegensatz zu zentralistischen Ländern wie etwa Frankreich – war diese Idee nicht zu verwirklichen. Andererseits hat die überkommene politische und regionalhistorische Struktur aber auch den unschätzbaren Vorteil, dass sich viele lokale Initiativen entwickeln konnten.

Seit 1994 hat sich nicht nur die Vulkanparkidee in der Eifel rasant entwickelt. Auch auf internationaler Ebene ist die Einrichtung von *Geoparks* – mit vielfältigen, örtlich unterschiedlichen Schwerpunkten – inzwischen in vielen Ländern weit voran geschritten. Allein in China gibt es bereits 20 Geoparks, darunter auch solche in Gebieten mit jungem Vulkanismus. In der Eifel ist das Vulkangebiet der Westeifel 2004 von der Unesco offiziell als Global Geopark anerkannt worden. In der Osteifel ist der Vulkanpark inzwischen eine feste touristische Größe, sowohl mit vulkanischen wie archäologischen Schwerpunkten. Der Vulkanpark, das Infozentrum Rauschermühle, der 2006 eröffnete Lavadome, Vulkanpark Brohltal und in der Westeifel der Geopark Vulkaneifel mitsamt seinen Museen in Daun, Strohn und Manderscheid haben wesentlich dazu beigetragen, den einzigartigen Charakter der Vulkanlandschaft der Eifel generell, speziell des Laacher See-Gebietes im Osten und der Maargebiete im Westen, zu bewahren und gleichzeitig die Steinbrüche als „Fenster in die Erde" zu erhalten und für interessierte Besucher zugänglich zu machen. Zentrale Anlaufstellen (Global Geopark Vulkaneifel Natur- und Geopark Vulkaneifel GmbH Mainzer Straße 25, 54550 Daun und Vulkanpark Infozentrum Rauschermühle, Rauschermühle 6, 56637 Plaidt) bieten eine Fülle an Informationen zu Vulkanen und vulkanischen Themen und geben Karten heraus, mit deren Hilfe man die in diesem Buch genannten Vulkane schnell auffinden kann. Vielleicht kommt es ja dazu, dass in nicht allzu ferner Zukunft die beiden jungen Vulkangebiete über kommunalpolitische Grenzen hinweg als Einheit gesehen werden. Es ist ein Ziel des vorliegenden Buches, für den Laien interessante Vulkane aus beiden Vulkanfeldern vorzustellen; für Vulkane und Vulkanfelder gibt es weder politische noch verwaltungstechnische Grenzen.

[Abb. 183] Die etwas anderen Fossilien des Anthropozän.

Der Laacher See
und
seine vulkanische Umgebung.

Ein Führer
für die
Besucher des vulkanischen Maifeldes
von
Rudolf Blenke,
Gymnasiallehrer.

o

Neuwied & Leipzig.
J. H. Heuser'sche Verlagsbuchhandlung.

[Abb. 184] Titelbild des Vulkanführers von Blenke (1850]).

Danksagung

FÜR ZAHLREICHE ANREGUNGEN bei der gemeinsamen Arbeit seit fast 40 Jahren möchte ich danken, in alphabetischer Reihenfolge: Ulrich Bednarz, Christel und Paul v. d. Bogaard, Antje Duda, Richard Fisher, Armin Freundt, Birgit Freundt-Malecha, Jörg Geßner, Eduard Harms, Karl-Heinz Hoheisel, Bruce Houghton, Peter Ippach, Peter Jandausch, Fahrettin Karakuzu, Volker Lorenz, Huberus Mertes, Hans-Jürgen Moses, Conny Park, Raimund und Ulrike Pier, Chris Prange, Rainer Risse, Claudia Rosenbleck, Dirk Sagert, Beatrix Schulz, Rolf Schumacher, Gaby Sobczak, Petra Staps, Steve Tait, Lothar Viereck, Gerd Wörner und Anke Zernack.

Für kritische Durchsicht des Manuskriptes danke ich sehr herzlich, in alphabetischer Reihenfolge: Martin Hassdenteufel, Rita Spitzlei, Andreas Schüller und ganz besonders Klaus Schmidt, Wolfgang Fraedrich und Ursula Faust-Ern für ihre sehr penible und hilfreiche Fehlersuche. Conny Park hat viele Anregungen gegeben und die stratigraphischen Bezeichnungen der LST in vielen Abbildungen aktualisiert sowie die dazugehörigen Abbildungstexte überarbeitet.

Wie jedes Buch wird auch dieses mehr Fehler enthalten als sein Autor ahnt. Für Hinweise auf Druckfehler und Irrtümer bin ich immer dankbar. Mari Sumita hat mich bei Grafik und Layout beraten. Layout und Titelgetaltung wurden in vielen gemeinsamen Sitzungen mit Martin Wunderlich erarbeitet. Dafür auch an dieser Stelle herzlichen Dank.

Für die Förderung unserer Forschungsarbeiten zu verschiedenen Zeiten danke ich der Deutschen Forschungsgemeinschaft und dem Bundesministerium für Forschung und Technologie, für Postdoc Förderung der Alexander von Humboldt Stiftung und für die Unterstützung einiger Diplomarbeiten der Kreissparkasse Mayen und der Sparkasse Koblenz. Landrat Albert Berg-Winters hat unser Engagement in der Osteifel in den vergangenen beiden Jahrzehnten tatkräftig und in mannigfacher Weise unterstützt und die Verwirklichung des Vulkanparks auf den Weg gebracht. Andreas Schüller, Motor des Geoparks Vulkaneifel, hat die Vulkanwelt der Westeifel nachhaltig „revitalisiert".

Mein herzlichen Dank auch an Merlet Behncke-Braunbeck. Mit großem Engagement hat sie alle Hindernisse auf dem Weg zum Spektrum Verlag beseitigt.

Der Druck wurde freundlicherweise finanziell unterstützt von der Deutschen Vulkanologischen Gesellschaft, Verbandsgemeinde Mendig, Landkreis Vulkaneifel und Natur- und Geopark Vulkaneifel, Sparkasse Koblenz, Volksbank RheinAhrEifel, Fachvereinigung Bims e.V. Neuwied, sowie den Firmen Stein AG Neuwied, Romey Baustoffwerke Andernach, Kann Beton GmbH Neuwied, Eifellava Hohenfels GmbH, Gebr. Zieglowski Kruft, Rheinische Provinzial-Basalt- und Lavawerke GmbH Sinzig, Trasswerke Meurin Andernach. Allen Sponsoren bin ich zu großem Dank verpflichtet.

[Abb. 185] Unterirdische Bierkeller in den Gewölben im Niedermendiger Lavastrom, aus denen früher Mühlsteine gehauen wurden. Aus Steinbach (1880) (40): *Wir schreiten eine bequeme Steintreppe von 154 Stufen hinab und befinden uns plötzlich in dem unterirdischen Reiche des Gambrinus. Zwischen den phantastisch gebildeten Basaltlavasäulen, die das Felsgewölbe stützen, lagern in sittlichem Ernste die hölzernen bauchigen Inhaber des kostbaren Gerstensaftes, als wären sie ihres Heiterkeit spendenden Inhaltes wohl bewusst.* Dass die geneigten Leser/innen der hier vorgelegten kurzen Einführung in die Vulkanwelt der Eifel nicht nur von sittlichem Ernst erfasst werden sondern einen auch Heiterkeit spendenden Inhalt genießen können, war mein Ziel.

Literaturverzeichnis

(1) Ahorner L (1983) Historical seismicity and present-day microearthquake activity of the Rhenish Massif, Central Europe. In: Plateau Uplift (Fuchs K et al. Hrsg). Springer Verlag, Heidelberg, pp 198–221

(2) Ahrens, W (1928) Die Entstehung des Laacher Sees und die Ausbruchsstelle der weißen Bimssteine des Neuwieder Beckens. Jb preuß geol LA 42: 339–369

(3) Bednarz U, Schmincke H-U (1990) Evolution of the Quaternary melilite-nephelinite Herchenberg volcano (East Eifel). Bull Volcanol 52: 426–444

(4) Blenke R (1850) Der Laacher See und seine vulkanische Umgebung. JH Heuser'sche Verlagsbuchhandlung, Neuwied und Leipzig, pp 1–84

(5) Blum W, Meyer W (2006) Deutsche Vulkanstrasse. Görres Verlag, Koblenz, pp 1–244

(6) Bogaard Pvd, Schmincke H-U (1984) The eruptive center of the late Quaternary Laacher See tephra. Geol Rdsch 73: 935–982

(7) Bogaard Pvd, Schmincke H-U (1990) Die Entwicklungsgeschichte des Mittelrheinraumes und die Eruptionsgeschichte des Osteifel-Vulkanfeldes. In: Schirmer W (Hrsg) Rheingeschichte zwischen Mosel und Maas. DEUQUA-Führer 1, Düsseldorf, pp 1–30

(8) Bosinski G, Street M, Baales M (1995) The Paleolithic and Mesolithic of the Rhineland. In: Schirmer W, (Hrsg) Quaternary field trips in Central Europe, 2. Pfeil, München, pp 829–999

(9) Buch Lv (1820) in Steininger J: Die erloschenen Vulkane in der Eifel und am Niederrhein. Mainz pp 1–180

(10) Büchel G, Lorenz V (1982) Zum Alter des Maarvulkanismus der Westeifel. N Jb Geol Paläont Abh 163: 1–22

(11) Baales M, Berg Avd (1997) Tierfährten in der allerödzeitlichen Vulkanasche des Laacher See Vulkans bei Mertloch, Kreis Mayen-Koblenz. Arch Korr 27: 1–12

(12) Collini C (1777) Tagebuch einer Reise welche verschiedene mineralogische Beobachtungen besonders über die Agate und den Basalt enthält; nebst einer Beschreibung der Bearbeitung der Agate. Mannheim, pp 1–592

(13) Dechen Hv (1864) Geognostischer Führer zu dem Laacher See und seiner vulkanischen Umgebung. Max Cohen, Bonn, pp 1–596

(14) Dressel L (1871) Geognostisch-geologische Skizze der Laacher Vulkangegend. Aschendorffsche Buchhandlung, Münster, pp 1–164

(15) Frechen J (1962; 1981) Siebengebirge am Rhein – Laacher Vulkangebiet – Maargebiet der Westeifel. Vulkanologisch-petrographische Exkursionen. Sammlg geol Führer 56. Gebr Bornträger, Berlin Stuttgart, pp 1–195

(16) Giggenbach W, Sano Y, Schmincke H-U (1990) CO_2 rich gases from lakes Nyos and Monoun (Cameroon), Laacher See (Germany), Dieng (Indonesia), and Mt. Gambier (Australia) – variations on a common theme. J Volcanol Geotherm Res 45: 311–323

(17) Granet M, Wilson M, Achauer U (1995) Imaging a mantle plume beneath the Massif Central (France). Earth Planet Sci Lett 136: 281–296

(18) Harms E, Schmincke H-U (2000) Volatile composition of the phonolitic Laacher See magma (12 900 yr BP): Implications for syneruptive degassing of S, F, Cl and H_2O. Contrib Mineral Petrol 138: 84–98

(19) Hibbert S (1832) History of the extinct volcanoes of the basins of Neuwied on the Lower Rhine. WD Laing, Edinburgh, pp 1–162

© Springer-Verlag Berlin Heidelberg 2014
H.-U. Schmincke, *Vulkane der Eifel*, https://doi.org/10.1007/978-3-8274-2985-8

(20) Hörter F, Michels PX, Röder J (1950) Die Geschichte der Basaltlavaindustrie von Mayen und Niedermendig. Jb Gesch Kultur Mittelrhein 2: 1–32

(21) Litt T, Schmincke H-U, Kromer B (2003) Environmental response to climatic and volcanic events in central Europe during the Weichselian Late glacial. Quat Sci Rev 22: 7–32

(22) Lorenz V, Büchel G (1980) Zur Vulkanologie der Maare und Schlackenkegel der Westeifel. Mitt Pollichia 68: 29–100

(23) Meyer W (1986) Geologie der Eifel. Schweizerbart'sche Verlagsbuchhdlg Stuttgart, pp 1–615

(24) Meyer W, Schumacher K-H (2005) Unterwegs im Vulkanpark. Görres Verlag, Koblenz, pp 1–176

(25) Meyer W, Stets J (2007) Quaternary uplift in the Eifel area. In: Ritter JRR, Christensen J (Hrsg) Mantle Plumes – a Multidisciplinary Approach. Springer, Heidelber, pp 369–378

(26) Mitscherlich E (1865) Über die vulkanischen Erscheinungen in der Eifel. F Dümmler's Verlagsbuchhandlung, Berlin, pp 1–77

(27) Park C, Schmincke H-U (1997). Lake formation and catastrophic dam burst during the late Pleistocene Laacher see eruption (Germany). Naturwiss 84: 521–525

(28) Park C, Schmincke H-U (2009) Land unter am Rhein. Spektrum der Wissenschaft 2009: 78–87

(29) Raikes S (1980) Teleseismic evidence for velocity heterogeneities beneath the Rhenish Massiv. J Geophys 14: 80–83

(30) Ritter JRR, Christensen UR (Hrsg) (2007) Mantle Plumes – a Multidisciplinary Approach, Springer, Heidelberg, pp 1–488

(31) Schmincke H-U (1988) Vulkane im Laacher See Gebiet. Bode Verlag, Haltern, pp 1–119

(32) Schmincke H-U, Bogaard Pvd, Freundt A (1990) Quaternary Eifel Volcanism. IAVCEI Int Volc Congr Mainz 1990; Excursion 1AI. Pluto Press, Ascheberg,. pp 1–188 (mit ausführlichem Literaturverzeichnis und Exkursionspunkten)

(33) Schmincke H-U, Park C, Harms E (2000) Evolution and environmental impacts of the eruption of Laacher See Volcano (Germany) 12 900 a BP. Quat Intern 61: 61–72

(34) Schmincke H-U (2010) Vulkanismus. Wissensch Buchges, Darmstadt, 3te Aufl. pp 1–264

(35) Schmincke H-U (2002) Tanz auf dem Vulkan: Zur Frühgeschichte der Vulkanologie. In: Goethe und die Naturwissenschaften (Steininger F, Kossartz A Hrsg) Schweizerbart Verlagsb, Stuttgart, pp 119–176

(36) Schmincke H-U (2004) Volcanism. Springer, Heidelberg, pp 1–324

(37) Schmincke H-U (2007) The Quaternary Volcanic Fields of the East and West Eifel (Germany). In: Ritter R, Christensen U (Hrsg) Mantle Plumes – a Multidisciplinary Approach. Springer, Heidelberg, pp 241–322

(38) Schmincke H-U (2008) Volcanism of the East and West Eifel. In: Litt Th, Schmincke H-U, Frechen M, Schlüchter C: Quaternary. Geology of Central Europe. (McCann T Hrsg). Vol 2. Geol Soc London. pp 1318–1333

(38a) Schmincke H-U (2011) Quartärer Eifelvulkanismus: Von der Erdsystemforschung zur Ressourcennutzung und Gefahrenabschätzung. Geogr Rundschau 63: 10-17

(38b) Schumacher KH, Müller W (2011) Steinreiche Eifel. Görres Verlag Koblenz, pp. 1–368

(39) Seibold E (1995) Entfesselte Erde. Vom Umgang mit Naturkatastrophen. Deutsche Verlagsanstalt, Stuttgart, pp 1–288

(40) Steinbach J (1880) Führer zum Laacher See. JH Heuser`sche Verlagsbuchhandlung, Neuwied und Leipzig, pp 1–122

(41) Steininger J (1820) Die erloschenen Vulkane in der Eifel und am Niederrheine. Florian Kupferberg, Mainz, pp 1–180

(42) Vogelsang H (1864) Die Vulkane der Eifel in ihrer Bildungsweise erläutert. Erben Loosjes, Haarlem, pp 1–76

(43) Völzing K (1907) Der Trass des Brohltales. Jb Preuss geol LA 28:1–56.

(44) Wörner G, Viereck LG, Plaumann S, Pucher R, Bogaard Pvd, Schmincke H-U (1988) The Quaternary Wehr Volcano: A multiphase evolved eruption center in the East Eifel Volcanic field (FRG). N Jb Miner Abh 159: 73–99

(45) Wyck HJvd (1826) Übersicht der Rheinischen und Eifeler erloschenen Vulkane und der Erhebungsgebilde, welche damit in geognostischer Verbindung stehen, nebst Bemerkungen über den technischen Gebrauch ihrer Produkte. Weber, Bonn, pp 1–122

(46) Zolitschka, B, Negendank, J F W, Lottermoser B G (1995). Sedimentological proof and dating of the early Holocene volcanic eruption of Ulmener Maar (Vulkaneifel, Germany). Geol Rdsch 84: 213–219

Stichwortverzeichnis und Glossar

Die Zahlen beziehen sich auf Seitenangaben im Text.

Aerosole (vulkanische) → **119, 129**
Winzige (<<1 mm) feste H_2SO_4 Schwebeteilchen, die sich aus SO_2 (aus der Eruptionssäule) und $2(HO)^-$ in der Stratosphäre bilden und klimawirksam sind.

Agglutinat → **44**
Stark verschweißte Lavafetzen (Schlacken), d.h. lavaähnliches Gestein mit geringem Porenraum (<5%) und linsiger Struktur.

Akkretionäre Lapilli → **102–103**
Konzentrisch aufgebaute Aschenkugeln, in denen grobkörnige Aschenpartikel im Kern von einem feinkörnigeren Saum umgeben werden. Meist <1 cm im Durchmesser. Entstehen in turbulenten feuchten Aschenwolken z.B. in base surges oder in Glutwolken.

Allerød → **77**
Ein wärmeres, ca. 700 Jahre langes Intervall am Ende der letzten Eiszeit, vor der Jüngeren Dryaszeit und der darauf folgenden Nacheiszeit (Holozän). Der Laacher See Vulkan brach im Allerød aus.

Amphibol → **55**
Komplexe Gruppe von Kettensilikaten. In der Eifel beschränkt auf intermediäre und hochdifferenzierte Gesteine, abgesehen von bestimmten ultramafischen Knollen.

Analcim → **73**
Häufiges Zeolithmineral
(Gerüstsilikat – $Na(Al_2SiO_6) H_2O$).

Antidünen → **114**
Dünenstrukturen, die sich bei hoher Geschwindigkeit (schiessendem Fließen) im körnigen Substrat am Boden bilden und mit den Oberflächenwellen gegen die Transportrichtung wandern.

Asche (vulkanische) → **19**
Unverfestigte Tephra (vulkanisches Auswurfsmaterial), die aus Glasscherben, Kristallen und Gesteinsfragmenten besteht, mittlerer Korndurchmesser <2 mm.

Aschenstrom
→ Pyroklastischer Strom

© Springer-Verlag Berlin Heidelberg 2014
H.-U. Schmincke, *Vulkane der Eifel* https://doi.org/10.1007/978-3-8274-2985-8

Asthenosphäre → 19

Bereich niedriger Dichte und Viskosität unterhalb der Lithosphäre in Tiefen von ca. 200–400 km unter der Erdoberfläche. Vermutlich partiell aufgeschmolzen und Quellgebiet der meisten basaltischen Magmen.

Augit
→ Pyroxen

Ballistischer Transport → 77

Auf ballistischen Bahnen aus einem Krater herausgeschossene Partikel (Blöcke, Bomben). Ballistisch transportierte Partikel machen nur einen Bruchteil der überwiegend durch Fallout aus Tephrawolken und Massenströme am Boden abgelagerten Tephra aus.

Basalt → 12, 29

Dunkles, magnesium- und eisenreiches vulkanisches Gestein. Streng genommen sind die Lavaströme der Eifel keine Basalte, da sie relativ silizium-arm sind, sondern Basanite, Nephelinite, Leuzitite und Tephrite. In der Steinindustrie wird der Begriff Basaltlava für dunkle, erstarrte Lavaströme verwendet. Blasenarme Basalte werden in der Industrie Hartbasalt genannt.

Basanit → 29

Dunkles, basaltähnliches Gestein aber deutlich siliziumärmer; in der Eifel meist mit vielen dunklen Pyroxeneinsprenglingen und kleineren Mengen Dunkelglimmer und Olivin, sowie in der Grundmasse Leuzit.

Base surge → 92, 94, 114

Sich radial von einem Schlot fortbewegende, turbulente Hochgeschwindigkeits-Bodenwolke aus Tephra, heißen Gasen, Dampf und Luft. Ablagerungen sind oft schräggeschichtet und linsig.

Basisschlacken → 61

Bei langsam fließenden Lavaströmen zerbricht die an der Oberfläche abgekühlte Haut zu Schlackenfragmenten, die vor der Stirn des Lavastroms auf den Boden fallen und von diesem überfahren werden.

Big-Bang-Schichten → 98–99

In (36) neu eingeführter Begriff für extrem an Nebengesteinsbruchstücken angereicherte, weit verbreitete Lagen, die bei besonders energiereichen (heftigen) plinianischen Ausbrüchen aus einem Krater geschleudert werden. In den LST Profilen gibt es zwei markante Big-Bang-Lagen (BB1 und BB2). Auch in plinianischen Ablagerungen anderer Eruptionen wurden inzwischen „Big-Bang"-Schichten nachgewiesen.

Bims, -lapilli → 19, 106

Extrem blasiges, meist helles Gesteinsglas generell hochdifferenzierter – in der Eifel durchweg phonolithischer – Zusammensetzung.

Blast → 115

Mit hoher Geschwindigkeit am Boden vorwärts schießende hochenergetische turbulente Bodenwolke, die bei der plötzlichen Druckentlastung eines Gas-Partikelgemisches aus dem Schlot schießt.

Block → 29

Grobe Tephrafragmente (> 64 mm Durchmesser) aus älterem Nebengestein (in der Eifel z. B. Schiefer, Sandstein, Basalt). Umgangssprachlich oft Bombe genannt, wenn Blöcke mit einem Einschlagskrater verbunden sind.

Bombe → 29, 44

Rundliche oder elliptische Lavafetzen mit einem Durchmesser > 64 mm, die beim Flug durch die Luft noch heiß waren und plastisch verformt wurden.

Britzbank → 99

Lokaler Bergmannsausdruck für dünne feinkörnige Aschenschicht. Ein Typ von feinkörnigen Aschenlagen kann in Paläotälern in Ignimbrite übergehen. Die obersten Lagen der sogenannten Hauptbritzbank z. B. entsprechen den Ignimbriten der Mittleren LST östlich des Laacher Sees. Andere sind aus feuchten Aschenwolken aussedimentiert worden.

Buntsandstein → 22

Älteste Formation der Trias, Beginn des Erdmittelalters (Mesozoikum), ca. 225–215 Millionen Jahre vor Heute.

Caldera → 78–80, 83

Durch Einbruch über einer teilentleerten Magmakammer entstandener, meist rundlicher Kessel von wenigen bis über 20 km Durchmesser.

Chabasit → 73

Zeolithgruppe der Würfelzeolithe mit Ca, Na, K, und Sr-reichen Vertreten. Häufig als hydrothermale (bei der Abkühlung eines magmatischen Gesteins) Bildung interpretiert, jedoch – wie in der Eifel – in Tephraablagerungen im

Grundwasserbereich bei niedrigen Temperaturen durch Zersetzung von Glas gebildet.

Devon → 21
Periode mit marinen Ablagerungen im Rheinland (Sandsteine, Schiefer, Kalksteine) des Erdaltertums (Paläozoikum), 416–360 Millionen Jahre alt.

Differentiation → 78, 83
Chemische Veränderung von Magmen bei ihrer Abkühlung, vor allem durch Auskristallisation und Entzug (Fraktionierung) von Mineralphasen (Einsprenglingen). Die Ausgangsmagmen im Laacher See Gebiet sind überwiegend Basanit, aus dem sich das hochdifferenzierte Phonolithmagma entwickelt hat.

Diskordanz → 52, 58
(Krater-, Erosions-, tektonische
Unter einem Winkel aufeinanderstoßende Gesteinsschichten.

Dryaszeit (Ältere und Jüngere) 100, 129
Kälteschwankungen am Ende der letzten Eiszeit (Spätglazial, Beginn ca. 14 000 Jahre vor Heute) und vor dem Beginn des Holozäns (ca. 11 700 Jahre vor Heute). Zwischen den beiden kälteren Intervallen (ältere und jüngere Dryas, auch ältere und jüngere Tundrenzeit genannt) liegt eine Wärmeschwankung (Allerød). Das Allerød dauerte von etwa 13 500 bis 12 700 Jahre vor heute. Der Laacher See Ausbruch fand also gegen Ende des Allerød statt, 200 Jahre später wurde es deutlich kälter, die jüngere Tundrenzeit begann.

Dünen → 52, 114
An der Grenzfläche zwischen einem sich bewegenden Medium (Wind, Wasser oder, wie bei explosiven Explosionen, aus einem Krater herausschießende Mischung aus vulkanischen Gasen, verdampftem Grundwasser und Tephrapartikeln (Blast)) bilden sich Wellenformen (Dünen oder Rippeln) in dem körnigen überströmten Substrat, die im Querschnitt schräggeschichtet sind. Bei sehr hohen Geschwindigkeiten entstehen Antidünen.

EEVF → 52, 58
Osteifel Vulkanfeld. International wird East für Osten gebraucht.

Eifelplume
→ Plume

Einsprenglinge
Große, mit den bloßen Augen sichtbare Kristalle in einem vulkanischen Gestein. Die feinkörnigen Kristalle bzw. der Glasanteil heißen Grundmasse. Einsprenglinge (auch Phänokristalle) bilden sich bei der langsamen Abkühlung und Kristallisation eines Magmas unter der Erdoberfläche.

Entgasung → 65
Beim Aufstieg eines Magmas an die Erdoberfläche (Druckentlastung) bilden die unter höherem Drücken gelösten magmatischen Gase Blasen, die aus der Gesteinsschmelze entweichen können.

Eozän → 21
Serie des Tertiärs, 56–34 Millionen Jahre vor Heute.

Erdkern → 12
Innerster Kern der Erde von ca. 2900 bis zum Erdmittelpunkt bei 6370 km.

Erdkruste → 11, 14
Äußerste starre Haut der Erde. Unter der Eifel im Mittel 30 km, unter den Ozeanen ca. 7 km dick.

Erdmantel → 11–14
Unter der relativ leichten Erdkruste (hauptsächlich silizium-aluminium-reiche Gesteine) folgt mit relativ scharfer Grenze der schwere (dichte) Erdmantel (eisen- und- magnesium-reich), der bis in ca. 2900 km Tiefe reicht. Die meisten basaltischen Magmen entstehen im oberen Erdmantel in ca. 50–150 km Tiefe.

Eruptionssäule → 87–90
Gemisch aus Gas und Partikeln, das durch Gasdruck vertikal aus einem Schlot herausgeschossen wird. Das Gas kann aus dem Magma stammen und/oder durch Verdampfen von Oberflächen- oder Grundwasser beim Kontakt mit dem heißen Magma entstanden sein. Durch Einsaugen und Erwärmen kalter Luft kann aus dem unteren *Gasschubteil* eine *konvektive* Eruptionssäule entstehen, die bis in die Stratosphäre steigen kann. Wenn die Eruptionssäule leichter wird als die umgebende Atmosphäre kann sie kollabieren und Glutlawinen speisen.

Fallablagerungen (Fallout) → 81, 87
Aus bei explosiven Eruptionen entstandenen Tephrawolken ausgefallene Partikel. Charak-

teristische Merkmale von Fallablagerungen: schlechte Schichtung, gute Sortierung (d. h. einheitliche Korngröße), blasige Partikel, wenig Fremdgesteinsbeimengungen und gleichbleibende Mächtigkeit über vorgegebenem Relief. Korngröße und Schichtmächtigkeit nehmen charakteristischerweise mit der Entfernung vom Schlot ab.

Feldspat → 116–117
Grosse Gruppe von Gerüstsilikaten, häufigste Mineralphase der Erdkruste. In den Eifelvulkaniten treten kleine Plagioklaskristalle ((Ca, Na)(Si, Al)$_4$O$_8$) z. B. in den Basaniten der Osteifel auf, während hochdifferenzierte Magmen wie der Laacher See Phonolith große Kristalle (Einsprenglinge) sowohl von Plagioklas wie von Sanidin (KAlSi$_3$O$_8$) enthalten.

Fließablagerung
→ Pyroklastischer Strom.

Foidit → 29
Magmatisches Gestein reich an Natrium und Kalium aber arm an Silizium. Es enthält nie Quarz, dafür aber Foid-Minerale (= Feldspatvertreter): z. B. Leuzit, Nephelin oder Hauyn. Foidite in der Eifel sind hauptsächlich Leuzitite und Nephelinite.

Forcing, intern, extern → 137
Natürliche und anthropogene Kräfte, die einen Zustand verändern wie beim Klimaforcing. In der Vulkanologie verwendet für innere (z. B. Magmaentstehung- und aufstieg) und äußere (z. B. Zusammentreffen von aufsteigendem Magma und Grundwasser) Faktoren, die zu einem Vulkanausbruch führen.

Fraktionierung → 19
Anreicherung bzw. Abreicherung von Elementen in einem Magma wie z. B. bei der Kristallisation von Mineralphasen (Kristallfraktionierung).

Gang → 52
Beim Aufstieg eines Magmas in der Lithosphäre oder auch oberflächennah in einem Vulkan bleibt der Großteil des Magmas in einer durch die aufsteigende Gesteinsschmelze geschaffenen Spalte stecken und erkaltet als tafelförmiger Gesteinskörper.

Glazial → 75
Eiszeit, eiszeitlich.

Glimmer → 55
Schicht- oder blättchenförmige Silikatminerale, in der Eifel Dunkelglimmer (Phlogopit).

Glutlawine
→ Pyroklastischer Strom

Glutwolken → 94, 102–107
Hoch verdünnte turbulente Aschenwolken, die aus einem fließenden pyroklastischen Strom aufsteigen.

Graben → 94–97
Ein abgesunkener Block der Erdkruste – oder, wie in der Eifel, in einem Vulkan –, der von Verwerfungen seitlich begrenzt ist.

Grundgebirge
Gefaltete und gestörte Gesteine des Paläozoikums und älterer geologischer Zeitalter. In der Eifel bestehen die oberen ca. 4–5 km des Grundgebirges aus gefaltetem Devon, darunter folgt kristallines Grundgebirge.

Grundmasse → 106
→ Einsprenglinge

Hauyn
Typisch blaue Feldspat-ähnliche Mineralphase (Na, Ca)$_{8-4}$[(SO$_4$)$_{2-1}$|(AlSiO$_4$)$_6$] typisch für LST (besonders ULST).

HBB (Hauptbritzbank) → 99
In der Bimsindustrie gebräuchlicher Begriff für ein Paket massiger und feinkörniger Aschenschichten, das den Unterbims vom Oberbims trennt. Die Aschenlagen sind häufig dunkel, weil sie Feuchtigkeit speichern. Die unteren Schichten der Hauptbritzbank sind überwiegend als feuchte Aschenwolken durch Fallout entstanden, die oberen sind die seitlichen dünnen Fortsetzungen von Glutlawinenablagerungen.

Holozän
Die jüngste geologische Epoche der Erdgeschichte begann vor etwa 11 700 Jahren mit der endgültigen Erwärmung des Klimas am Ende des Pleistozäns.

Hornblende
→ Amphibol

Horst → 94–98
Ein gehobener Block der Erdkruste – oder, wie in der Eifel, Schichtenpakete in einem Vulkan –, der von Verwerfungen seitlich begrenzt ist.

Hydroklastisch
→ phreatomagmatisch

Ignimbrit
→ Pyroklastischer Strom

Intraplattenvulkane → 12
Vulkane, die innerhalb bzw. auf einer Lithosphärenplatte entstanden sind.

Isopachen → 27
Konstruierte Linien, die alle Punkte gleicher Mächtigkeit einer Schicht verbinden. Die Isopachen einer Fallablagerung sind gewöhnlich elliptisch; die Scheitellinie dieser Loben (= Achse des Ablagerungsfächers) weist auf das Eruptionszentrum hin.

Isothermen → 61
Flächen gleicher Temperatur.

Jüngere Dryas
→ Dryas

Känozoikum
Erdneuzeit, umfasst Tertiär und Quartär.

Kontaktmetamorph → 78
Durch die Wärme eines magmatischen Körpers wird das Nebengestein in Gefüge und Mineralbestand verändert.

Krater, -mulde → 64, 78
Eine ungefähr kegelförmige Vertiefung in einem Vulkan, entstanden durch Anhäufung von Tephra über einem Schlot, wie bei einem Schlackenkegel oder rings um einen eingebrochenen Krater. In beiden Fällen besteht der Kraterwall aus Tephra, die in vielen Eruptionspulsen aus einem Schlot gefördert wurde. Eine scharfe Trennung zwischen Kratern über einem kleinen Schlot (Schlackenkegel) und rings um einem breiteren Einbruchskrater wie bei Maaren (s. auch Laacher See Becken) ist nicht sinnvoll.

Kraterdiskordanz → 58
Winkel zwischen Schichtpaketen, entstanden z.B. durch Abrutschen eines Schichtpaketes in das Kraterinnere oder durch Erosion von aus dem Schlot schießenden Druckwellen.

Kugellapilli → 40
Rundliche, relativ dichte (blasenarme) basaltische Lapilli, die häufig aus mehreren Generationen verschweißter Lapilli bestehen. Der Begriff Kugellapilli, zuerst vom Herchenberg beschrieben (3), wird inzwischen auch international verwendet.

Lahar → 87
Umgelagerte Tephra, die, mit Wasser vermischt, als Schuttstrom (seltener Schlammstrom) durch die radialen Täler eines Vulkans fließt.

Lapilli → 29, 64
Tephra-Partikel mit einem Korndurchmesser von 2 bis 64 mm, unabhängig von Form oder Zusammensetzung.

Lapillikegel → 30, 40
Kegel, der überwiegend – oder in einer bestimmten Phase – aus relativ gleichkörnigen, relativ dichten Lapilli besteht. Beispiel Feuerberg (WEVF).

Lava, Lavastrom → 44
Weitgehend ohne explosive Tätigkeit an der Erdoberfläche ausfließendes oder in Lavafontänen gefördertes Magma. In der Stein- (Lava-) industrie in der Eifel wird der Begriff Lava für Lockermaterial (Schlacken, Lapilli) verwendet. Laven können ganz unterschiedliche chemische Zusammensetzungen haben. Am weitaus häufigsten sind die Basaltlaven.

Leuzit → 29
In der Grundmasse der mafischen Eifellaven (Rieden auch Einsprengling) häufiges (aber weltweit seltenes) feldspatähnliches Mineral ($KAlSi_2O_6$).

Leuzitite → 29
Häufige mafische Lavazusammensetzung, vor allem im WEVF, Leuzit in der Grundmasse.

Lithische Komponenten
→ Xenolithe
Neben- (Fremd-)Gesteinsbruchstücke von den Magmakammer-, Schlot- oder Kraterwänden. Lithoklasten.

Lithosphäre → 11, 15
Relativ starre, äußere Schale der Erde, die aus der Erdkruste und dem obersten Mantel besteht. In Kontinenten etwa 50 bis 150 km dick.

LLST → 65, 81, 85, 90, 94, 98f, 101, 112
Untere (Lower) Laacher See Tephra von der Basis bis zur Hauptbritzbank.

Löss → 65, 77
Vom Wind transportiertes, feinkörniges (Silt) glaziales, oft gelbliches Sediment. Charakteristisch für Kaltzeiten.

LST
Laacher See Tephra, d.h. die Gesamtablagerung der Laacher See Vulkaneruption.

Maar → 10, 17, 30, 34-37, 78, 132
In die Erdoberfläche eingesenkter vulkanischer Krater, der von einem Ring von Lockermaterial umgeben ist, das hauptsächlich aus Nebengesteine (z.B. devonischer Schiefer und Sandstein in der Westeifel, tonreiche schlechtsortierte Ablagerungen in der Osteifel) besteht. Maare und ihre Ablagerungen sind nach dem heutigen Stand des Wissens beim Zusammentreffen von Magma oder bereits fragmentiertem Magma und Wasser (z.B. Grundwasser) entstanden.

Magma → 12
Silikatschmelze unterschiedlicher Zusammensetzung, z.B. basaltisch, höher differenziert (z.B. tephritisch) oder hoch differenziert (z.B. phonolithisch), die vereinzelte Kristalle und gelöste Gase enthält.

Magmakammer → 19
Reservoir in der Erdkruste, in dem Magma bei der Abkühlung differenzieren kann.

Mantelknollen → 12, 17
→ Peridotit

Miozän
Serie des Tertiärs, 23 bis 5 Millionen Jahre vor Heute.

Mittelozeanische Rücken → 12
Die Ozeane durchziehende, morphologische Rücken oder Schwellen, die beim Aufreißen der ozeanischen Lithosphäre und der damit einhergehenden Bildung neuer ozeanischer magmatischer Kruste entstehen. 12

Mohorovičić Diskontinuität → 14, 18–19
(kurz Moho)
Die Mohorovičić-Diskontinuität, kurz Moho, stellt die Grenzfläche zwischen der leichten Erdkruste und dem schweren (dichten) Erdmantel dar. Die Kompressionsgeschwindigkeit seismischer Wellen steigt an der Moho abrupt von < 7 8 km/s auf > 8 km/s im Mantel an.

MLST → 81, 94, 96, 100, 109, 115, 119, 120
Mittlere Laacher See Tephraablagerungen

Nephelin → 29
Gerüstsilikat ((Na,K)$AlSiO_4$) (Feldspatvertreter, Foid), häufig in der Grundmasse SiO_2-armer basaltischer Magmen in der Eifel. 29

Nephelinit
→ Foidit

Neuwieder Becken → 15, 24
Seit dem frühen Tertiär um mehr als 300 m eingesengtes tektonisches Einbruchsbecken zwischen Mayen, Laacher See und dem Anstieg zum Westerwald.

Oberbims → 99
In der Bimsindustrie gebräuchlicher Begriff für die Bimslapillischichten oberhalb der Hauptbritzbank.

Oligozän
Serie des Tertiärs, 23–34 Millionen Jahre vor Heute.

Olivin → 12
Hellgrüne, in Basalten häufige Mineralphase – (Mg, Fe)$_2$[SiO_4] – die meist früh aus einem basaltischen Magma auskristallisiert. Olivin ist das häufigste Mineral im oberen Erdmantel. In den basaltischen Gesteinen der Eifel ist Pyroxen weitaus häufiger als Olivin.

Olivinknollen
→ Peridotit

Osteifel, -vulkanfeld (EEVF) → 25

Paläotal → 104
Ein Tal, das für eine bestimmte Zeit in der geologischen Vergangenheit existierte und später zugedeckt wurde oder sich verlagerte.

Paläozoikum → 21
Geologisches Zeitalter (Ära), 540–250 Millionen Jahre vor Heute.

Peridotit → 19
Grünliches, überwiegend aus den magnesium- und eisenreichen Silikaten Olivin und Pyroxen bestehendes Tiefengestein, aus dem der oberste Erdmantel aufgebaut ist. Aufsteigende Basaltmagmen können Bruchstücke von Peridotit mitreißen (Olivin- oder Mantelknollen).

Phillipsit → 73
Häufige, besonders kaliumreiche Mineralphase der Zeolithgruppe ((Ca,Na_2,K_2)$_3Al_6Si_{10}O_{32}·12H_2O$).

Phonolith (Klingstein) → 19, 56, 73, 83
Weißes oder graues, hochdifferenziertes, d. h. Mg- und Fe-armes, aber Al_2O_3, K_2O und Na_2O-reiches Magma, bzw. vulkanisches Gestein; in der Eifel häufig als Bims mit Sanidin-, Plagioklas-, Hauyn-, Pyroxen-, Amphibol- und Titanit-Einsprenglingen.

Phreatomagmatische Eruption → 29
Vulkaneruption, die durch den Zutritt von Grund- oder Oberflächenwasser zum Magma ausgelöst oder beeinflusst wird. Die explosive Umwandlung von Wasser in Dampf kann besonders heftige Eruptionen auslösen; häufig assoziiert mit base surges. Charakteristisch sind niedrige Eruptionssäulen und sich vielfach wiederholende, kurzzeitige, heftige Explosionen.

Phyrisch (porphyritisch)
Größere Kristalle (Einsprenglinge) in einer feinkörnigen oder glasigen Grundmasse.

Plattentektonik → 11
Bewegungen der Lithosphärenplatten, die an mittelozeanischen Rücken entstehen und an Subduktionszonen abtauchen (normalerweise ozeanische unter eine kontinentale Platte). Antrieb der Plattentektonik sind konvektive Bewegungen im Erdmantel.

Plinianische Eruption → 80
Mehrere km bis 10er von km hohe, über längere Zeit stabile Eruptionssäule, die vor allem Asche und Lapilli fördert; angetrieben von expandierenden magmatischen Gasen. Weit verbreitete, gut sortierte Bims- und Aschenfalloutfächer sind die charakteristischen Ablagerungen.

Plume → 16–17, 23
Bereich im Erdmantel, in dem seismische Wellen gedämpft werden, vermutlich weil in einem wärmeren und daher aufsteigenden Mantelperidotit partiell geschmolzen ist. Eine derart anomale Zone im Erdmantel westlich der Westeifel ist möglicherweise die Quelle, d. h. der Aufschmelzbereich für Eifelmagmen, daher „Eifelplume".

Primitive Zusammensetzung → 19
Chemisch/mineralogische Zusammensetzung eines Magmas oder magmatischen Gesteins, die der Zusammensetzung des im Erdmantel entstandenen Ausgangsmagmas ähnlich ist (d. h. Eisen-Magnesium-reich).

Proximale (distale) Fazies → 29
Ablagerung in der Nähe bzw. größeren Entfernung vom Krater.

Pyroklastisch → 29
Fragmentierung eines Magmas, das in flüssigem Zustand zerrissen wird, z.B. durch platzende Gasblasen, die sich beim Aufstieg gebildet haben.

Pyroklastika
→ Tephra.

**Pyroklastischer Strom
(Glutlawine, pyroklastischer Dichtestrom)**
→ 81, 86-91, 97, 102, 104 f, 107–111, 121
Heiße Massenströme aus Tephra, heißen Gasen und eingesaugter Luft, welche die Vulkanhänge hinunterfließen und sich insbesondere in Tälern fortbewegen. Ihre Ablagerungen (Ignimbrit, Trass, Tauchschicht) sind charakteristischerweise massig.

Pyroxen → 12, 116
Sowohl in den Basalten wie in höher differenzierten (Phonolith) vulkanischen Gesteinen der Eifel häufige und komplexe Silikatminerale, überwiegend Augit ($Ca(Mg,Fe)Si_2O_6$) und verwandte Pyroxene.

Randbrüche (Randverwerfung, Randstörung)
Flächen, an denen einsinkende Gesteinsschollen in tektonischen Becken oder Gräben abbrechen und abrutschen.

Rheinischer Schild → 15, 17, 23, 24
Ein sich hebender Block der Lithosphäre, der von den Ardennen im Westen bis nach Kassel im Osten reicht.

Rheingraben → 15, 17, 24
Eine in die Lithosphäre seit dem Mesozoikum eingesackte Zone, die vom Jura im Süden bis über die Kölnische Bucht hinaus nach Norden reicht. Wird im Süden beiderseits vom Schwarzwald bzw. den Vogesen begrenzt und wird im Rheinischen Schild durch das tektonische Neuwieder Becken gekennzeichnet.

Schlacke → 61
Blasige, meist rote, schwarze oder grüne, z.T. abgeschreckte Lavafragmente unterschiedlichster Form und Korngröße.

Schlackenkegel → 24, 30, 44
Basaltischer Vulkanhügel aus Schlacke und

Asche, die durch wiederholte Lava- und Aschenfontänen von bis zu mehreren 100 m Höhe angehäuft wurden.

Schlammstrom (Schuttstrom, Lahar)
Durch Vermischung von Tephra und Wasser entstandene, feinkörnige (Schlamm-) oder grobkörnige (Schutt-) Ströme.

Schluff
→ Silt

Schwefelsäurepartikel
→ Aerosole

Schweißschlacke
→ Agglutinat

Sea-floor-spreading
Ständiges Auseinanderreißen und Wiederverheilen der ozeanischen Lithosphäre an mittelozeanischen Rücken, begleitet von Aufstieg und Erstarrung von basaltischen Magmen.

Sedimente
Ablagerungen aus Partikeln (Gesteinsbruchstücke, Kristalle (z. B. Quarz), Ton usw.), die in einem Meer, See, Fluß oder an Land (Buntsandstein) abgelagert wurden. Tuffe sind vulkanische Sedimente. Es gibt auch chemische Sedimente (z. B. Steinsalz).

Siegener Hauptüberschiebung   → 26
Im Paläozoikum (Devon, Karbon) angelegte Störungsfläche, an der die unterdevonischen Gesteine der Hunsrückschiefer über die Siegener Schichten geschoben wurden. Die Störung wurde vermutlich im Tertiär als Abschiebung, d. h. im umgekehrten Bewegungssinn, reaktiviert.

Silt   → 116, 128
Feinkörniges Sediment beliebiger Zusammensetzung mit einer Korngröße unter etwa 0,063 mm. Im technischen deutschsprachigen Bereich Schluff genannt.

Sortierung   → 100
Statistische Abweichung des gesamten Korngrößenspektrums von der mittleren Korngröße. Geringe Abweichung = gute Sortierung, starke Abweichung = schlechte Sortierung.

Spätglazial
Letzter Abschnitt der jüngsten (Würm-) Eiszeit nach dem Eiszerfall (ca. 14 500 bis 11 700 Jahre vor Heute).

Stratosphäre   → 18, 119
Zweite Schicht der Atmosphäre; der Grenzbereich zwischen Stratosphäre und Troposphäre wird als Tropopause bezeichnet.

Subduktionszone   → 12
Zone entlang der eine – meist ozeanische – Platte unter eine andere – meist kontinentale – abtaucht. Die meisten hochexplosiven Vulkane sind über Subduktionszonen entstanden, weil die in der Tiefe entstandenen Magmen wasserreich sind.

Surgeablagerung
→ 37, 8, 74, 77, 81, 92, 94, 114f
Aschen- oder Feinlapilli-Ablagerung, die oft schräggeschichtet und linsig aufgebaut ist und durch materialarme Hochgeschwindigkeits-Bodenwolken (surges) abgelagert wurde.

Syenit   → 13
Grobkörniges Tiefengestein, das bei langsamer Abkühlung und Kristallisation unter der Erdoberfläche aus einem Trachyt- bzw. Phonolithmagma entsteht.

Tauchschicht
→ Pyroklastischer Stromablagerung, lokaler Bergmanssausdruck

Tephra (Pyroklastika)   → 29
Bei einer explosiven Vulkaneruption ausgeworfenes Material beliebiger Korngröße und Zusammensetzung. Nach der Korngröße wird Tephra in folgende Klassen untergliedert: > 64 mm: Bomben und Blöcke; 2 – 64 mm: Lapilli; < 2 mm: Asche.

Tephrafächer   → 91
Tephra, die in Eruptionssäulen in die Atmosphäre steigt, wird lateral von den vorherrschenden Winden verdriftet und bildet elliptische Ablagerungsfächer am Erdboden.

Tephrit   → 29
Graues Vulkangestein intermediärer Zusammensetzung. Tephritmagmen entstehen aus Basanitmagmen, vor allem durch Kristallfraktionierung.

Tertiär   → 24
Geologische Formation (Ton, Sand, Kies, Kalkstein), 65 bis 2 Millionen Jahre alt.

Tiefseegräben   → 14
Durch das Abtauchen der ozeanischen Lithos-

phäre bildet sich entlang von Subduktionszonen vor den Kontinenten eine Tiefseerinne.

Trachyt → 26, 137
Vulkanisches Gestein ähnlich dem Phonolith aber deutlich SiO_2-reicher und alkaliärmer. Der Laacher Phonolith wurde früher häufig aber fälschlicherweise Trachyt genannt. Nur der Wehrer Bims ist z. T. trachytisch.

Trass → 3, 10, 73, 91, 103, 105
→ 108–109, 112, 128, 138–139
In der älteren vulkanologischen Literatur wurden mit dem Begriff Trass massige Ablagerungen von pyroklastischen Strömen (Ignimbrite) bezeichnet. Der Begriff leitet sich von dem niederländischen Begriff „Tyrass" (Zement) ab und stammt aus dem 17ten Jahrhundert, als die Trassablagerungen im Brohltal bis weit ins 18te Jahrhundert abgebaut und nach Holland transportiert wurden. Der Trasszement hat hydraulische Eigenschaften unter Wasser und wurde zur Konstruktion von Küstenbefestigungen verwendet. Heutzutage werden zeolithisierte Ignimbrite (z.B. vom Riedener Vulkan) von der Fa. TUBAG (Kruft) verarbeitet.

Trias → 21
Unterstes System des Erdmittelalter (Mesozoikum) (251-200 Millionen Jahre vor heute). 21

Tropopause
Grenzschicht zwischen Troposphäre und Stratosphäre. Schicht der Hauptwinde (Strahlstrom, Jet). In Mitteleuropa liegt die Tropopause bei ungefähr 12 km Höhe.

Troposphäre → 18, 119
Schicht der Atmosphäre zwischen Erdboden und etwa 12 km.

Tuff → 3f, 35, 46, 49–53, 59, 73–75
→ 79–81, 99–103, 114f, 127
Verfestige Asche. Der Begriff Tuff wird von manchen Autoren nicht nur für verfestigte Aschen verwendet, sondern generell für alle konsolidierten pyroklastischen Ablagerungen.

Tuffring (Tephraring) → 134
Ring von Tephra um einen vulkanischen Krater (meist Maar). Bei nur wenigen Metern bis 100 m Höhe können Tuffringe einen Durchmesser von einigen 100 m bis etwa 5 km haben.

ULST → 114
Obere LST, die überwiegend aus grauen, dichten und kristallreichen Lapilli und zahlreichen Xenolithen bestehen.

Unterbims → 99
In der Bimsindustrie gebräuchlicher Begriff für LLST.

Umlagerung → 120, 122, 128f
Vulkanisches Lockermaterial, das an einer Stelle z.B. durch Fallout oder pyroklastische Ströme abgelagert wurde, kann abhängig vom Relief durch Wind und Wasser bewegt (erodiert) und an anderer Stelle erneut abgelagert werden.

Verwerfung → 52, 57, 94–98
Schwächezone (Fläche) entlang der zwei Krustenteile gegeneinander versetzt sind.

Vulkanfeld → 14–16, 20
Räumlich und auch zeitlich (im geologischen Sinn) begrenztes Vorkommen besonders zahlreicher Vulkane.

WEVF (Westeifel Vulkanfeld)
Das auch Vulkaneifel genannte, etwa 50 km lange und stark NW-SE orientierte Vulkangebiet nördlich und südlich des zentralen Maargebiets bei Daun.

Xenolith → 19
Neben-(Fremd-)Gesteinsbruchstücke von den Magmakammer-, Schlot- oder Kraterwänden. Lithische Komponenten.

Zeolithe, Zeolithisierung → 10, 73
Mineralgruppe mit offenem Kristallgerüst. Zeolithe bilden sich häufig bei der Reaktion von vulkanischen Glas mit Grundwasser; der häufigste Verfestigungsprozess von Tephraablagerungen.

Verzeichnis der im Buch erwähnten und auf den Karten gezeigten Vulkane

Osteifel (EEVF)

Westeifel (WEVF)

Sonstige

© Springer-Verlag Berlin Heidelberg 2014
H.-U. Schmincke, *Vulkane der Eifel*, https://doi.org/10.1007/978-3-8274-2985-8

Bildnachweis

Nummern in Klammern beziehen sich auf
Veröffentlichungen im Literaturverzeichnis

Abb. 6, 7: Klaus Schmidt Privatarchiv (Bild
7 Archiv Bergb Hüttenwesen Berlin 1828,
Neudruck 2000) K. Schmidt Heimat-Jahr-
buch 1985, Kreis Mayen-Koblenz); 9: (19,
Überarbeitung Sumita in 35); 10: (31); 17:
Klaus Schmidt Privatarchiv; 18: modifiziert
nach (38); 19: modifiziert nach (34); 20: (17)
modifiziert (34); 21: modifiziert (1); 22: (31);
23 (31); 24: (4): 34 (38); 35: (7, 37); 36: (6); 37:
(37); 39–41: (42); 86: (13); 102: Walter Müller;
110: Asia Air Survey; 114 Schumacher (unver-
öff); 116: Scrope 1862 (34); 117: US Geol Surv
Postman; 122: Fisher & Schmincke (34); 123:
Horta Studio (34); 143: US Geol Surv Lipman;
144: Itaru Takahara, DEITz Co., Ltd, Nagasaki
(Japan); 160: (28); 161: (28, Scientific Design);
162: (27); 163: (28); 171: Lung; 178: Klaus
Schmidt Privatarchiv; 182: Abtei Maria Laach
(35); 184: (40).
Alle anderen Aufnahmen und Zeichnungen
vom Verfasser.

© Springer-Verlag Berlin Heidelberg 2014
H.-U. Schmincke, *Vulkane der Eifel*, https://doi.org/10.1007/978-3-8274-2985-8

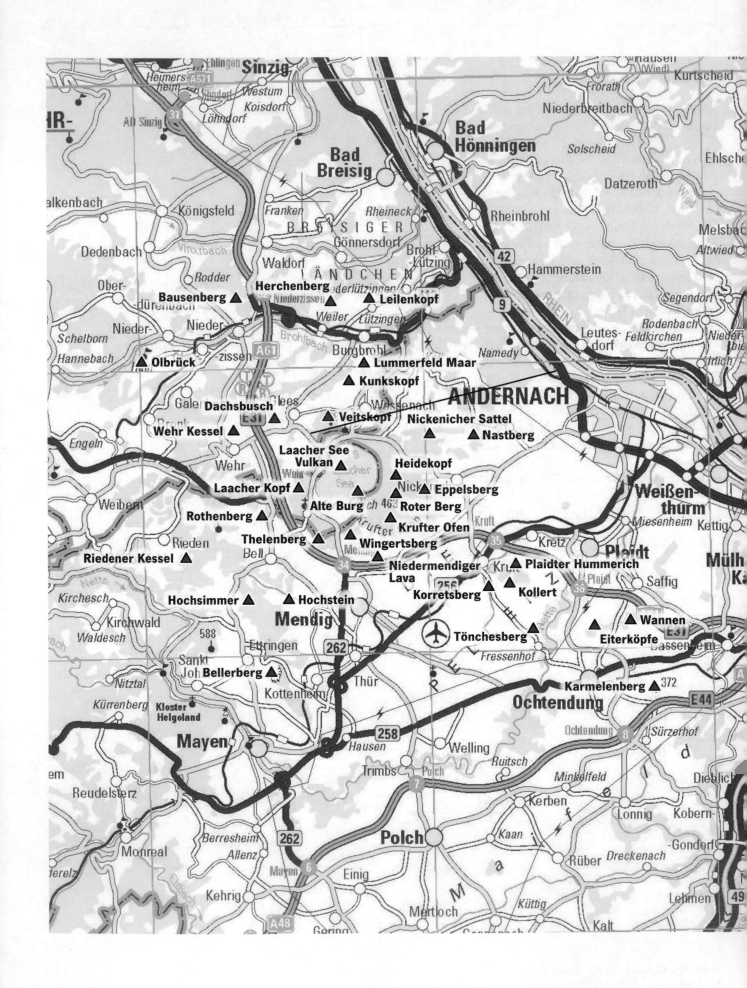

Im Buch erwähnte Vulkane der Osteifel

Im Buch erwähnte Vulkane der Westeifel

Printed in the United States
By Bookmasters